BRIGITTE WALDE-FRANKENBERGER
PAUL WALDE

WILDKRÄUTER UND WILDFRÜCHTE IN DER

Region Stuttgart

ERKENNEN · SAMMELN · ANWENDEN

SILBERBURG

Inhalt

Bärlauch
6

Gundelrebe
10

Brennnessel
14

Gänseblümchen
18

Waldmeister
22

Löwenzahn
26

Huflattich
30

Linde
34

Johanniskraut
38

Kamille
42

Schafgarbe
46

Salbei
50

Rosmarin
54

Mädesüß
58

Gänsefingerkraut
62

Spitzwegerich
66

Wildrose
70

Holunder
74

Brombeere
78

Eibisch
82

Beifuß
86

Engelwurz
90

Schlehe
94

Wegwarte
98

Weißdorn
102

Alle Wiesen und Matten,
alle Berge und Hügel sind Apotheken.

Paracelsus

Vorwort

Stuttgart liegt in einem Talkessel. Die Stadt ist umgeben von Wäldern, Weinbergen und Wiesen. Das Klima ist mild. Allein in Stuttgart gibt es sieben ausgewiesene Naturschutzgebiete, in deren Schutz Wildkräuter unbehelligt gedeihen können, dazu zahlreiche Schutzgebiete in der Region. Wildpflanzen wachsen aber auch direkt vor unserer Haustür, sie können Beton sprengen und suchen sich selbst in der Großstadt ihre Nischen.

Im Naturschutzgebiet Büsnauer Wiesental wachsen heute mindestens 300 Pflanzenarten, darunter selten gewordene Pflanzen wie Trollblume, Spierstaude, Echter Eibisch und Labkraut. Auch etwa 150 Vogelarten fühlen sich hier wohl. Im Naturschutzgebiet Stuttgarter Eichenhain findet man viele Kräuter wie Feldthymian, Dornige Hauhechel, Tausendgüldenkraut, Glockenblumen, Enziane, Orchideen und Graslilien. Und in der Region gibt es zahlreiche weitere Naturschutzgebiete wie das Untere Remstal oder den Schönbuch.

Das englische Wort *health* = Gesundheit kommt aus der angelsächsischen Wurzel *hal* = ganz. Gesundheit ist die Harmonie von Körper, Seele und Geist. Wildkräuter heilen ganzheitlich. Sie bieten dem menschlichen Körper alle notwendigen Lebensstoffe – und das schon seit Urzeiten.

Für viele steht heute das Thema »Mensch und Umwelt« im Mittelpunkt der Aufmerksamkeit. Sorge und Unruhe motivieren die Menschen, neue Werte zu suchen. Ein neues Denken hat längst Einzug gehalten. Es entstehen immer neue Initiativen: Wildkräuterführungen, -seminare und -workshops, es erscheinen Bücher und Zeitungsartikel über Wildkräuter. »Wildpflanzen von der Waldau« nennt ein Stuttgarter Bürger, promovierter Geograf und Biologe, seine Kräuterführungen. Er hat sich auf Essbares aus Wald und Wiese spezialisiert. Es gehe ihm nicht ums Überleben im Busch, sondern um eine neue Esskultur. Einen bescheidenen Beitrag hierzu möchte auch dieses Büchlein leisten. Viel Freude beim Entdecken, Sammeln und Anwenden der Schätze unserer Natur!

Bärlauch

Waldknoblauch, Wilder Knoblauch, Zigeunerlauch, Hexenzwiebel, Bärenzwiebel, Judenzwiebel

Wenn man im Frühjahr durch einen Laubwald spaziert, nimmt man oft einen starken Knoblauchgeruch wahr. Dann verbreitet der blühende Bärlauch sein Aroma. Daher wird er im Volksmund auch Waldknoblauch oder Wilder Knoblauch genannt. Tatsächlich sind beide eng miteinander verwandt. Der Bärlauch wächst in feuchten, humusreichen und schattigen Laubwäldern, an Bachufern und im Unterholz bewaldeter Nordhänge. Im März kommen die Blätter aus dem Boden hervor und breiten sich als ein hellgrün glänzender Teppich auf dem Waldboden aus. Der Bärlauch wird 20 bis 30 Zentimeter hoch. In den Monaten Mai bis Juni blüht er mit weißen, sternenförmigen Blütendolden. Nach der Blüte verschwindet der würzige Geruch. Die Pflanze stirbt ab, um im nächsten Frühjahr wieder zu neuem Leben zu erwachen. In der Medizin werden die frischen Blätter verwendet.

EIN BÄRENSTARKES FRÜHJAHRSKRAUT

Der lateinische Name kommt von »Allium«, der Lauch, und »ursus«, der Bär. Dem Volksglauben nach diente der wilde Knoblauch den Bären, die einst in unseren dichten Wäldern hausten, nach einem kräftezehrenden Winterschlaf als Aufbaunahrung und gesunde Frühjahrskur.

WIRKSTOFFE: Ätherische Öle, Flavonoide, Pflanzenschleimstoffe, Zucker, Mineralstoffe, Vitamin C.
MEDIZINISCHE VERWENDUNG: Bluthochdruck, Magen-Darm-Störungen, Appetitlosigkeit, Schwäche.
EIGENSCHAFTEN: Verdauungsfördernd, darmdesinfizierend, antiseptisch, reinigend, stärkend.

Allium ursinum

SAMMELZEIT

Die Blätter von *März bis Mai* vor der Blüte 1 Zentimeter über dem Boden abschneiden. Die Zwiebel kann im Herbst geerntet werden.

HEILKRÄFTE

»Eine der stärksten und gewaltigsten Medizinen in des Herrgotts Apotheke. Wohl kein Kraut der Erde ist so wirksam zur Reinigung von Magen, Gedärmen und Blut wie der Bärenlauch, ewig kränkelnde Leute sollten den Bärenlauch verehren wie Gold«, schwärmt der Schweizer Kräuterpfarrer Künzle (1857–1945).

In der Volksheilkunde verwendet man den Bärlauch gerne bei Magen- und Darmstörungen, bei Appetitlosigkeit und Schwächezuständen. Er unterstützt die Tätigkeit von Galle und Leber. Die ballaststoffreiche Pflanze gilt als kräftigend, reinigend und entgiftend. Mit dem hohen Gehalt an Eisen, Magnesium und Chlorophyll ist der Bärlauch blutbildend und wird auch bei Arteriosklerose, Arterienverkalkung und Bluthochdruck, als Unterstützung für Herz und Kreislauf und zum Schutz gegen Alterserscheinungen angewendet.

! Bärlauchblätter sind den giftigen Blättern des Maiglöckchens und den Blättern der Herbstzeitlosen sehr ähnlich.
Der Geruch nach Knoblauch ist jedoch unverkennbar, zudem
unterscheiden sich die einzeln erscheinenden, gestielten und
an der Oberseite glänzenden Blätter des Bärlauchs deutlich
von denen des Maiglöckchens (Unterseite glänzend) sowie
der Herbstzeitlosen (ungestielt und nicht glänzend).

In der Homöopathie

Die homöopathische Zubereitung »Allium ursinum« ist als
Urtinktur in der Apotheke erhältlich. Sie hat sich vor allem bei
Arteriosklerose bewährt.

In Küche und Haus

Bärlauchblätter müssen frisch verwendet werden. Zur Konser-
vierung können sie eingefroren oder in Öl (Sonnenblumenöl)
eingelegt werden. Bärlauch-Maultaschen, -Pfannkuchen oder
-Quiches schmecken herzhaft und sind gesund. Der Bärlauch
gibt Suppen, Saucen und Aufläufen eine deftige Note. Auch
kann er als Spinat schonend gedünstet werden. Fein gehackt
ist er köstlich als Würze in Salat, Quark, Joghurt oder er wird
einfach aufs Butterbrot gestreut. Für den Winter kann man
Kräuterbutter herstellen und einfrieren.

Bärlauchbutter für den Winter

DAS REZEPT

Zutaten

100 g Butter
3 EL Blätter
1 TL Zitronensaft
1 Prise Kräutersalz
1 Prise gemahlener
   Pfeffer

Zubereitung

Die Blätter fein zerhacken, mit Kräutersalz, einem Teelöffel Zitronensaft und
Pfeffer vermischen und einige Zeit stehen lassen. Mit weicher Butter gut vermischen, zu einer Rolle formen. Sodann die
Bärlauchbutter in eine Folie wickeln und
im Gefrierschrank aufbewahren.

Gundelrebe
oder Gundermann

Erdenkränzlein, Guck-durch-den-Zaun, Donnerrebe, Erdefeu, Zickelkräutchen

Die Frühjahrsblüher sind da. Beim Spaziergang durch Wald und Wiese zeigen sich Schlüsselblume, Veilchen und Buschwindröschen, Wiesenschaumkraut und Scharbockskraut, Taubnessel und Ehrenpreis. Die zartblauen Blüten der Gundelrebe leuchten aus dem Wiesengrund hervor. Guck-durch-den-Zaun oder Erdenkränzlein wird die Gundelrebe im Volksmund liebevoll genannt. Die Pflanze ist ein Lippenblütler. Sie kann bis 20 Zentimeter groß werden. Meist einen Teppich bildend wächst sie efeugleich auf nährstoffreicher, feuchter und lockerer Erde. Wir finden sie an Zäunen und Mauern, an Hecken und Wegen, auf Wiesen und in Auwäldern. Klein und kraftvoll von Gestalt blüht die Gundelrebe in den Monaten April bis Juni.

Im 16. und 17. Jahrhundert war ein Infus der Gundelrebe ein beliebtes Getränk armer Leute, das auf den Straßen feilgeboten wurde. Gesüßt mit Zucker, Honig oder Lakritze galt der Tee als hilfreich und stärkend bei nicht ausgeheiltem Husten und bei Schwindsucht. Und noch im vergangenen Jahrhun-

WIRKSTOFFE: Gerbstoffe, ätherisches Öl, der Bitterstoff Glechomin, organische Säuren, viel Vitamin C, Saponine, Mineralstoffe.
VERWENDUNG: Erkrankungen der Atemwege, Appetitlosigkeit, Magenverstimmung. Für Galle, Leber und Niere.
EIGENSCHAFTEN: Schleimlösend, blutreinigend, entschlackend, verdauungsfördernd, appetitanregend, harntreibend, entzündungshemmend.

Glechoma hederacea

dert nutzten Büchsenmacher und Maler die entgiftende Kraft der Gundelrebe: Um das giftige Blei aus dem Körper auszuschwemmen, tranken sie regelmäßig Gundelrebentee.

GERMANISCHE HEIL- UND ZAUBERPFLANZE

In der altgermanischen Mythologie war die Gundelrebe Donar geweiht, dem Gewitter- und Donnergott, dem Gott der Fruchtbarkeit und Potenz. Sie galt als ein antidämonisches Kraut. Und mit einem Kranz aus Gundelreben schützte man sich gegen Gewitter, Blitz und Zauberei.

SAMMELZEIT

In der Heilkunde verwendet man das ganze blühende Kraut. Man erntet es in den Monaten *April bis Juni*. Dabei schneidet man die Pflanze ab und hängt sie in kleinen Sträußen »kopfunter« zum Trocknen auf. Die würzigen, ölhaltigen Blättlein können das ganze Jahr über gesammelt und frisch verwendet werden.

HEILKRÄFTE

Die Gundelrebe ist ein Vielheiler. Mit den Licht- und Wärmekräften der Frühlingssonne löst sie erstarrte Prozesse wie
chronisch gewordene Atemwegserkrankungen des Winters,
Husten, Rachenkatarrh, Bronchitis, leichtes Bronchialasthma
und Schnupfen, aber auch Magen- und Darmkatarrhe. »Gund«
ist das altgermanische Wort für Geschwür, Gift. In der Volksheilkunde wird die Pflanze auch heute noch bei schlecht
heilenden Wunden und Geschwüren äußerlich gebraucht. Als
Mittel gegen Melancholie und Lethargie wurde das getrocknete Kraut früher dem Schnupftabak beigefügt.

Hildegard von Bingen (ca. 1098–1179) weist auf die Heilwirkung
bei Brust-, Lungen- und Hautleiden hin. Ebenso bei Magenverstimmung und Gelbsucht, bei Galle-, Leber- und Nieren-
beschwerden. Der Arzt Tabernaemontanus (ca. 1522–1590)
empfiehlt die Gundelrebe als Mittel zur Schärfung des Gehörs:
»Gundelrebensaft in die Ohren getan bringt das verlorene Gehör zurück, und ist auch gut wider das Zahnweh.«

IN DER HOMÖOPATHIE

Eine aus frischen Pflanzen zubereitete Tinktur wird zur Behandlung von Bronchialkatarrhen, Asthma und gewissen Darm-
erkrankungen verwendet.

IN KÜCHE UND HAUS

HEILSAMES WUNDÖL: In den Monaten Juni/Juli die frischen
Blätter sammeln. Ein Schraubglas zu einem Drittel mit den
Blättern füllen, diese dabei fest zusammenpressen und an die
Sonne stellen. Nach einigen Tagen bildet sich eine helle Flüs-
sigkeit, die sich am Boden sammelt. Diese seihen wir vorsichtig
ab und bewahren sie an einem dunklen Ort auf.

BEI ISCHIAS UND GICHT: Für ein Bad nehmen wir 5 Handvoll
Gundelrebenkraut, frisch oder getrocknet, und kochen es
in 5 Liter Wasser ca. 10 Minuten bei geschlossenem Topf.
Danach seihen wir ab und fügen die Flüssigkeit dem Badewasser zu.

Brennnessel

Donnerkraut, Haarnesselkraut, Hanfnessel, Saunessel

Was brennt ums ganze Haus und 's Haus brennt doch net?«, so heißt ein alter Rätselspruch. Es ist selbstverständlich die Brennnessel, die mit Vorliebe an Häusern und Zäunen, an Hecken und Mauern, Gräben und Wegrändern, an Bächen und Flüssen wächst. Die Brennnessel gehört zur Familie der Brennnesselgewächse. Sie hat eine besondere Beziehung zum Menschen. Vor allem die kleinere Pflanze, »Urtica urens«, wächst häufig in der Nähe von Bauernhöfen und Dörfern. Die vitalstoffreiche Pflanze kann bis zu eineinhalb Meter hoch werden. Sie ist in ganz Europa und über die gesamte Erde verbreitet. Häufig gilt sie als lästiges Unkraut, doch sehr zu Unrecht, denn die Brennnessel ist eine wahre Wohltäterin für Erde, Pflanze, Mensch und Tier. Ihre Samen sind Kraftfutter für Hühner und Gänse, für Kühe und Schafe. Dort wo sie wächst, wirkt sie sich heilend auf den Boden aus. Daher sollte man im Garten und in der Landwirtschaft auf die Brennnessel nicht verzichten. In der Volksheilkunde werden Kraut und Samen verwendet.

DEM DONNERGOTT GEWEIHT

Einst war die Brennnessel dem altgermanischen Gott Donar geweiht. Donar war der Gott des Donners, der Winde und

WIRKSTOFFE: Flavonoide, Chlorophyll, Carotinoide, Vitamine, Mineralstoffe, Gerbstoffe (Blätter). Proteine, Schleimstoffe, fettes Öl (Samen).
MEDIZINISCHE VERWENDUNG: Rheuma, Gicht und Ischias, Harn- und Prostataleiden, Hautleiden.
EIGENSCHAFTEN: Harntreibend, stoffwechselfördernd, entschlackend, verdauungsfördernd, blutbildend, milchbildend, blutzuckersenkend, kräftigend.

Urtica dioica, Urtica urens

Wolken. Bei Gewitter warf man Kränze aus Brennnesseln übers Hausdach oder ins Herdfeuer, um sich vor Blitzstrahl zu bewahren. Und in manchen ländlichen Gegenden hat sich der Brauch bis heute erhalten.

Sammelzeit

Mit Schere und Gartenhandschuhen ausgerüstet erntet man die Brennnessel. Sie kann in den Monaten *März bis September* gepflückt werden. Wir binden sie zu Sträußen, die wir im Schatten zum Trocknen aufhängen. Im September sind die Samen reif. Wir breiten sie zum Trocknen auf einem Leinentuch aus.

Heilkräfte

Der bekannte Kräuterpfarrer Künzle (1857–1945) sagt über die Brennnessel: »Hätte die Brennnessel keine Stacheln, wäre sie längst ausgerottet, so vielseitig sind ihre Tugenden!« Durch ihren hohen Gehalt an Kieselsäure dient sie dem Aufbau

> **!** Ein Büschel Brennnesselkraut, im Haus aufgehängt,
> wirkt als zuverlässiges Mittel gegen Fliegen.

des Körpers und hilft bei der Bildung von Bindegewebe. Sie fördert das Wachstum und verleiht Haut und Haar Festigkeit und Schönheit. Die Pflanze ist reich an dem regenerierenden und lebensspendenden Chlorophyll. Auch enthält sie leicht antidiabetisch wirkende Glukokinine. Die Brennnessel wirkt harntreibend, nierenspülend und entschlackend. Sie dient zur Anregung des gesamten Stoffwechsels und ist hilfreich bei Rheuma, Gicht und Ischias.

Die Brennnessel ist in ihrem Reichtum an wertvollen Inhaltsstoffen unübertroffen: So enthält sie in hohen Konzentraten Enzyme, pflanzliche Hormone, Vitamine, Mineralstoffe und Spurenelemente wie zum Beispiel Eisen, Kalzium, Magnesium, Phosphor, Silizium. Sie enthält Vitamin E, das vor Zell- und Gewebealterung schützt, sowie die Vitamine B2, B5 für den Stoffwechsel und die Hormonbildung und das seltene Vitamin K.

IN DER HOMÖOPATHIE
Das Homöopathikum »Urtica urens« (kleine Brennnessel) wird aus Blättern, Stängeln und Wurzeln hergestellt. Verwendet wird das Heilmittel bei Rheuma, Gicht und zur Ausscheidung von Harnsäure. Auch bei Nesselsucht und anderen Ausschlägen mit Brennen und Jucken, bei leichten Verbrennungen und Sonnenbrand kommt es zum Einsatz.

IN KÜCHE UND HAUS
Die vitalstoffreiche Brennnessel sollte auf keinem Speisezettel fehlen. Aus den jungen Blättern und Trieben der Pflanze kann man wohlschmeckende Gerichte zubereiten: leckere Eintöpfe, Aufläufe, Kräutersuppen und -gemüse. Brennnesselblätter schmecken würzig als Salat mit Avocado, Knoblauch und Olivenöl sowie in Quarkspeisen. Die Samen können aufs Müsli oder aufs Butterbrot gestreut werden.

Gänseblümchen

Angerblümelein, Maßliebchen, Tausendschön, Gänseliesel,
Kindsblümle, Osterblümchen, Sonnentürchen, Winterröschen

Das ausdauernde Gänseblümchen wächst und blüht das ganze Jahr über. Und nicht selten schauen seine Blütenköpfchen noch unter der Schneedecke des Winters hervor. Das Gänseblümchen ist über die ganze Erde verbreitet. Bescheiden und ohne Duft wächst es auf Wiesen und Weiden, an Rainen, Wegrändern und auf Äckern. Dabei liebt es den lehmigen Boden. Es gehört zur Familie der Korbblütengewächse. Die Pflanze wird nicht höher als 10 Zentimeter. Die Blütenköpfchen sind stets der Sonne zugewandt. Dabei drehen sie sich wie die Sonnenblume mit dem Lauf der Sonne. Das Gänseblümchen hat weiße, mitunter auch rötliche Strahlenblüten, seine innere Scheibenblüte ist goldgelb. Bei Sonnenschein ist die Blüte weit geöffnet. Bei Regen und in der Nacht schließen sich die kleinen Blütenblätter schützend, weshalb das Gänseblümchen als ein Symbol der Mutterliebe gilt. Ihr wissenschaftlicher Name »Bellis perennis« bedeutet die »ausdauernde Schöne«.

Vom Gänseblümchen können Blüten und Blätter frisch oder getrocknet innerlich und äußerlich verwendet werden. Die gründliche Trocknung erfolgt an der Luft.

INHALTSSTOFFE: Saponine, Schleimstoffe, Bitterstoffe, Gerbstoffe, Vitamine, Mineralstoffe.
MEDIZINISCHE VERWENDUNG: Als Magen-, Galle-, Lebermittel, bei Atemwegserkrankungen und Hautleiden.
EIGENSCHAFTEN: Blutreinigend, schleimlösend, schmerzstillend, entkrampfend, stoffwechselfördernd. Regt die Verdauung an.

Bellis perennis

Die Göttin Ostara

Die Germanen weihten es der Frühlingsgöttin Ostara (Ostern), Göttin der Auferstehung und des Neubeginns. Mit den ersten Sonnenstrahlen gingen unsere heidnischen Ahnen hinaus, um die sprießenden Kräuter des Frühlings zu suchen. Sie waren Bestandteil einer Kultspeise, mit der sie alljährlich die Auferstehung der Natur feierten.

Sammelzeit

Die ganze Pflanze wird für Heilzwecke in den Monaten *April bis September* gesammelt. Doch schreibt man dem Gänseblümchen, wenn es um Johanni *(Mittsommer)* gepflückt wird, ganz besondere Wirkkräfte zu.

Heilkräfte

Viele Pflanzen, die direkt vor unserer Haustür wachsen, verfügen über ein erstaunliches Angebot an Heilkräften. Wie alle Frühjahrsblüher verfügt das Gänseblümchen über schleimlösende und auswurffördernde Eigenschaften. So heilt es die in den Unbilden des Winters entstandenen Erkrankungen der Atemwege: die chronisch gewordene Bronchitis, verschleppte Erkältungen und Husten. Mit seinen stoffwechselfördernden,

> **!** Die Knospen des Gänseblümchens können auch als Kapern in Estragonessig eingelegt werden.

blutreinigenden und entschlackenden Wirkkräften belebt es den im Winter träge gewordenen Stoffwechsel und hilft so gegen Frühjahrsmüdigkeit.

Das Gänseblümchen ist auch ein wertvolles Heilmittel bei Hauterkrankungen. Schon im Mittelalter wurde es wegen seiner wundheilenden Eigenschaften gerühmt. Bauern legen gerne die frischen zerriebenen Blätter des Gänseblümchens auf Wunden, da die Pflanze arnikaähnliche Wirkkräfte hat. In der Volksmedizin verwendet man das Gänseblümchen heute zur Appetitanregung als Magen-, Galle- und Lebermittel, zur Blutreinigung, zur Anregung des Stoffwechsels und bei Erkrankungen der Atemwege. Äußerlich angewendet ist es hilfreich bei Hauterkrankungen, bei Prellungen, Verstauchungen und Verletzungen.

IN DER HOMÖOPATHIE

»Bellis perennis« ist angezeigt nach Trauma, bei Rheumatismus und Überanstrengung, Furunkulose, und Ekzemen.

IN KÜCHE UND HAUS

Frisch gepflückt und kleingeschnitten, schmeckt das vitamin- und mineralstoffreiche Gänseblümchen besonders herzhaft in Mischsalaten und in Quark.

GÄNSEBLÜMCHEN-TEE: Zwei Teelöffel getrocknete Blüten und Blätter mit einem Viertelliter kochendem Wasser übergießen. Zehn Minuten ziehen lassen. Dann abseihen. Je nach Bedarf zwei bis vier Tassen täglich trinken.

Bei Verletzungen und Schwellungen kann man mit dem Tee warme Umschläge machen. Dazu begleitend nach Bedarf zwei bis vier Tassen Tee täglich trinken.

Waldmeister

Maiblume, Waldmännlein, Herzfreud, Sternleberkraut, Waldfee

Die Leichtigkeit der Waldfee, wie der Waldmeister im Volksmund auch genannt wird, die sich in ihrer äußeren Erscheinung offenbart, entspricht ihrer Wirkung im seelischen Bereich. Sie macht uns Menschen heiter und fröhlich und fördert unsere Lebensfreude.

Der Waldmeister ist ein Heilkraut für Körper und Seele. Er wächst in schattigen, humusreichen Laubwäldern, besonders gerne unter Buchen. Im Frühjahr bildet er dunkelgrüne Kolonien, die sich teppichartig am Boden ausbreiten. Der Waldmeister wird 10 bis 30 Zentimeter hoch. Beim Frühlingsspaziergang steigt uns sein aromatischer Duft lieblich in die Nase. Denn das Pflänzlein blüht ab Mitte April bis Juni mit kleinen weißen Blütensternen, die einen lieblichen, vanilleähnlichen Duft verströmen. Doch erst wenn er welkt, entfaltet der Waldmeister seinen ganz besonderen Duft.

In der Heilkunde wird das ganze blühende Kraut verwendet.

EIN ALTES FRAUENHEILKRAUT
Nordische Mythen berichten von magischen Kräften, die der Pflanze innewohnen. Im Altertum war sie den weiblichen Gott-

WIRKSTOFFE: Cumarine, Asperulosid, Zitronensäure, Gerbsäure, Bitterstoffe.
MEDIZINISCHE VERWENDUNG: Leberstauungen, Harnverhalten, Menstruationsbeschwerden, Schlaflosigkeit, unregelmäßige Herztätigkeit, Schwermut, Migräne.
EIGENSCHAFTEN: Beruhigend, schlaffördernd, herzstärkend, krampflösend, harntreibend, verdauungsfördernd.

Asperula odorata

heiten geweiht. Als ein Frauenheilkraut brachte sie Gebärenden Hilfe bei der Niederkunft, stärkte Herz und Nerven von
Mutter und Kind. Man band Waldmeister an die Waden der
Gebärenden, füllte Kissen und Matratzen mit dem getrockneten Kraut. Und so brachten die Frauen im Altertum auf einem
Lager von duftendem Waldmeister ihr Kind zur Welt. Mit der
Christanisierung wurde die Pflanze, neben anderen Frauenheil-
kräutern, der Jungfrau Maria geweiht. Als »Mariae Bettstroh«
brachte sie jetzt segensreiche Hilfe – und zwar immer noch,
wie zuvor, den Gebärenden und den neuen Erdenbürgern.

SAMMELZEIT

Der Waldmeister wird zur Blütezeit in den Monaten *Mai und
Juni* geerntet. Man schneidet die ganze Pflanze dicht über
dem Erdboden ab und breitet sie in dünnen Lagen zum Trocknen aus.

HEILKRÄFTE

Der Waldmeister ist ein altes Volksheilmittel. Pfarrer Kneipp
lobt seine krampflösenden Eigenschaften bei Leibschmerzen,
bei Koliken und bei schmerzhafter Regel. Die Pflanze ist hilfreich bei Nervosität und Unruhe, bei Angst, die von Herzklopfen begleitet ist, bei Hysterie und Schwermut. Der Waldmeis-

ter hat herzstärkende Wirkkräfte und ist eine ausgezeichnete Frühjahrskur für das müde Herz. Als ein sanftes Heilkraut fördert er den Schlaf von Kindern und alten Menschen. Auch ist er ein Kraut zur Reinigung und Stärkung der Leber, weshalb er im Volksmund auch Sternleberkraut genannt wird. Seine wichtigsten Heilstoffe sind Cumarine, die für den süßlichen Duft verantwortlich sind, Gerbstoffe, Bitterstoffe und Vitamin C. In ländlichen Gegenden macht man gerne ein starkes Dekokt aus dem frischen Kraut als Kräuterlikör und Magenbitter. Und mancher Bauer legt auch heute noch gegen Kopfschmerzen frisch zerquetschtes Kraut auf die Schläfe.

In der Homöopathie

Das Homöopathikum »Asperula odorata« wird als Urtinktur aus der ganzen frischen Pflanze hergestellt und bei Gebärmutterentzündung erfolgreich angewandt.

In Küche und Haus

Im Monat Mai bei vielen Menschen beliebt ist die berühmte Waldmeisterbowle, ein traditionelles Getränk, das schon im 9. Jahrhundert von Benediktinermönchen gebraut wurde. Die Bowle ist eine Mazeration von Waldmeisterblättern in leicht gezuckertem Weißwein. Sie wirkt anregend. Doch Vorsicht ist geboten. Trinkt man zu viel davon, so können schlimme Kopfschmerzen die Folge sein.

Maibowle

DAS REZEPT

Zutaten

1 Sträußchen Waldmeister, leicht angetrocknet

2 EL Zucker

1 Flasche Weißwein (Riesling)

1 Flasche Sekt

Zubereitung

Das Sträußchen in ein Bowlegefäß hängen und mit dem Wein übergießen. Zwei Stunden an einem kühlen Ort ziehen lassen. Zucker in etwas Mineralwasser erhitzen und auflösen. Mit dem Sekt auffüllen.

Löwenzahn

Kuhblume, Wiesenlattich, Dotterblume, Pusteblume, Sonnenwirbel, Kettenblume, Pfaffenkraut, Mönchskopf, Bettpisserle

U ns allen ist er vertraut, der bescheidene Löwenzahn. Im Frühjahr, wenn die Natur erwacht, blüht er mit seinen dottergelben Blüten tausendfach auf unseren Wiesen. Man nennt ihn Löwenzahn, weil die Zähnung der Blätter an das Gebiss eines Raubtiers erinnert. Und auch, weil die Pflanze über große therapeutische Kräfte – über Löwenkräfte – verfügt. Mehr als 500 Volksnamen bezeugen liebevoll die Volkstümlichkeit der Pflanze. Die zahlreichen Samen, als Fallschirme vom Winde verweht, keimen dank ihrer Lebenskraft fast überall. In Mauerritzen, Steinfugen, auf feuchten Äckern und Wiesen, an trockenen Wegrändern.

Der Löwenzahn gehört zur Familie der Korbblütler. Er kann bis zu 50 Zentimeter hoch werden und blüht vom Frühjahr bis zum Herbst. Dabei kennt die Pflanze keine Winterruhe, sondern treibt auch in der kalten Jahreszeit Blätter. Sie wächst in ganz Europa.

Wie alle Pflanzen der »Grünen Neune« (die neun heiligen Frühjahrskräuter der Germanen), strotzt der Löwenzahn vor Vitali-

WIRKSTOFFE: Vitamine, Bitterstoffe, Triterpene, Sterole, Flavonoide, Gerbstoffe, Mineralstoffe, ätherisches Öl, Schleimstoffe, Fructose, Glykoside.
MEDIZINISCHE VERWENDUNG: Für Leber, Blut, Niere und Blase.
EIGENSCHAFTEN: Leberwirksam, galletreibend, harntreibend, stoffwechselfördernd, verdauungsfördernd, appetitanregend, regenerierend, reinigend.

Taraxacum officinale

tät. Auch die Griechen schätzten ihn. Sein wissenschaftlicher Name »Taraxacum« kommt vom griechischen *taraxo* = Störung und *akos* = Heilmittel und weist auf die umfassenden Heilkräfte der Pflanze hin. In der Heilkunde werden Blätter, Blüten und Wurzeln verwendet.

Eine Kultpflanze

Als Frühjahrsblüher gehörte der Löwenzahn zu den Kultpflanzen der Germanen. Diese waren neben ihm: Gundelrebe, Brennnessel, Brunnenkresse, Sauerampfer, Bibernelle, Schafgarbe, Spitzwegerich, Scharbockskraut und Gänseblümchen.

Sammelzeit

In den Monaten *April und Mai* pflücken wir die noch zarten Blätter. Die Blüten ernten wir, wenn sie noch nicht voll entfaltet sind. Blätter und Blüten werden auf Holzrosten oder auf mit saugfähigem Papier ausgelegten Tabletts getrocknet. Im *Herbst* stechen wir die Wurzeln aus und hängen sie gereinigt und gebündelt zum Trocknen auf.

Heilkräfte

Das bedeutende Heilkraut wird von den großen Ärzten des Mittelalters gelobt. Der Arzt Tabernaemontanus (ca. 1522–1590) zum

Beispiel nannte Saft und Wurzel »eine gebenedeyte Arzney«. Sie galt als Mittel gegen Wassersucht, Milz- und Leberleiden, Gicht, Lungenbluten und vor allem auch als Mittel bei Augenleiden.

Heute werden Blätter, Blüten und Wurzeln der Pflanze wissenschaftlich-medizinisch und in der Volksheilkunde gleichermaßen verwendet. So nimmt man den Löwenzahn bei Leberleiden und bei Stoffwechselstörungen. Er ist ein wertvolles Mittel bei Rheuma und Gicht, bei Zuckerkrankheit und Fettsucht. Als ein Amarum, ein Bittermittel, regt der Löwenzahn Galle und Leber, den Magen und die Bauchspeicheldrüse an. Nicht umsonst sagt der Volksmund: »Bitter im Mund, für den Magen gesund.«

Ganz besonders beliebt ist der Löwenzahn als blutreinigende und regenerierende Frühjahrskur. Und als ein Diuretikum, ein harntreibendes Mittel, regt er die Nieren an und fördert die Ausscheidung, weshalb er im Volksmund auch »Bettpisserle« heißt.

In der Homöopathie

Das Mittel »Taraxum« wird bei Appetitlosigkeit, Magenbeschwerden, bei Leber- und Nierenleiden mit häufigem Harndrang gegeben. Auch bei Antriebsschwäche, Gallenbeschwerden und bei gallebedingten Kopfschmerzen.

In Küche und Haus

Die vitalstoffreichen Löwenzahnblätter sind im Frühjahr als Salat oder Gemüse gesund. Löwenzahnknospen, als »falsche Kapern« eingelegt, sind im Winter eine Bereicherung unseres Speisezettels.

TEE ZUR ENTSCHLACKUNG: Ein wichtiges Anwendungsgebiet ist die Entschlackung in der Frühjahrskur. Eine solche Kur dauert 4 bis 6 Wochen. Dazu muss man zweimal täglich eine Tasse Tee trinken.

ZUBEREITUNG: 1–2 TL geschnittene, getrocknete Blätter und Wurzeln werden mit ¼ Liter kaltem Wasser übergossen, erhitzt und 1 Minute lang gekocht. Dann wird nach 10 Minuten abgesiht.

Huflattich

Brandlattich, Eselsfuß, Rosshuf, Hustenkraut, Tabakkraut, Lehmblümel

Die Kräuterkundigen des Altertums nannten ihn *Tussilago* (lat.) = Hustenvertreiber, denn die Pflanze ist ein uraltes Hustenmittel. Schon vor über zweitausend Jahren wurde der Huflattich bei Husten, Schnupfen und Asthma verwendet. Und zu allen Zeiten galt er als ein Heilmittel »wider alle Gebresten der Brust«. Zusammen mit Schneeglöckchen, Zaubernuss und Krokus gehört der Huflattich zu unseren ersten Frühlingsboten. Wenige Sonnentage nach der Schneeschmelze genügen, um die leuchtend gelben, nach Honig duftenden Blüten hervorzulocken. Erst in den Monaten Mai und Juni entwickeln sich die hufeisenförmigen Blätter, die der Pflanze ihren Namen gegeben haben. Der ausdauernde Huflattich gehört zur Familie der Korbblütler. Er wird bis zu 30 Zentimeter hoch und ist in ganz Europa verbreitet. Er liebt die Sonne und wächst auf nährstoffarmen, feuchten und lehmigen Böden. Man findet ihn an Wegrändern, an Bach- und Flussufern, auf Ödland und Schutthalden. In der Heilkunde wird der Huflattich als Tee, Tinktur oder Frischpresssaft eingenommen.

SAMMELZEIT

Die Blüten pflückt man mit kurzen Stielen in den Monaten *März und April*, wenn sie voll entfaltet sind. Die Blätter erscheinen

WIRKSTOFFE: Vitamine, Flavonoide, Gerbstoffe, Bitterstoffe, Schleimstoffe, Salpeter, Insulin, Zink.
MEDIZINISCHE VERWENDUNG: Für die Lunge. Zur Wundheilung.
EIGENSCHAFTEN: Schleimlösend, auswurffördernd, reizmildernd, bakterienhemmend.

Tussilago farfara

nach der Blüte im *Mai und Juni*. Wir schneiden sie mit der Schere ab, bündeln sie und hängen sie »kopfunter« im Schatten auf. Die Blüten werden auf Holzrosten oder auf mit saugfähigem Papier ausgelegten Tabletts ausgebreitet.

Heilkräfte

Als eines der besten Lungenmittel ist der Huflattich in den meisten Hustenpräparaten enthalten, die in Apotheken, in Reformhäusern und Naturkostläden angeboten werden. In der Volksheilkunde nimmt man ihn meist in Form von Tee zu sich. Heutzutage wird von der Nutzung selbst gesammelter Huflattichblüten und -blätter abgeraten, da die enthaltenen Pyrrolizidinalkaloide mutagen und kanzerogen wirken können. Allenfalls die jungen Blätter sind relativ unbedenklich.

Die wichtigsten Inhaltsstoffe der Pflanze sind Gerbstoffe, Bitterstoffe, Schleimstoffe und Flavonoide, die eine bakterienhemmende und reizmildernde Wirkung haben. Der Huflattich ist eine Schleimdroge. Der in der Pflanze enthaltene Schleim legt sich als Schutzfilm um die Schleimhäute. Er lindert damit den Reizhusten und fördert das Ausstoßen des in der Lunge festsitzenden Schleims.

> **!** Die Anwendungsdauer von Huflattichblätter-Tee ist auf maximal 2 bis 3 Wochen am Stück und 6 Wochen pro Jahr zu beschränken. Er darf während der Schwangerschaft und Stillzeit nicht angewendet werden.

Bei akuter Bronchitis schafft der Huflattich Erleichterung. Er lindert Reizungen des Rachenraums und des Kehlkopfs und ist bei Mandelentzündung und bei Kehlkopfentzündung zu empfehlen. Durch seinen Gehalt an Zink fördert der Huflattich die Regeneration von verletztem und erkranktem Gewebe und kann so auch zur Heilung von Schäden in der Lunge beitragen. Der Huflattich hilft, Teer, Staubteilchen und andere Schadstoffe aus der Lunge zu entfernen. Er wird daher auch gerne Rauchern verabreicht. Menschen, die allergisch gegen Hausstaub sind und in einer verschmutzten Umgebung leben, sollten einmal wöchentlich eine Tasse Huflattichtee trinken.

Eine Huflattich-Abkochung (Tee) wird auch äußerlich gebraucht für die Behandlung von Wunden, Entzündungen und Hautausschlägen.

IN DER HOMÖOPATHIE

In der Homöopathie werden Blätter, Blüten und Wurzeln verwendet bei Appetitlosigkeit, bei belegter Zunge und bei Atemnot.

IN KÜCHE UND HAUS

Die jungen Blätter des Huflattichs können wir als Spinat und Gemüse, in Suppen und Aufläuten essen. Am besten schmeckt der Huflattich in Kartoffelgerichten.

ZUR FIEBERSENKUNG: Man nehme zu gleichen Teilen Holunder- und Huflattichblüten und gebe eine Prise Mädesüß dazu. Dann bereite man ein starkes Dekokt (25 g Blüten auf 600 ml Wasser) und lasse es 15 Minuten köcheln. Dosierung: drei- bis fünfmal pro Tag einen Esslöffel in warmem Wasser.

Linde oder *Sommerlinde*

Gerichtslinde, Friedenslinde, Tanzlinde

Sie ist der Liebling der Bienen. Wenn in den Monaten Juni und Juli die Linde blüht, werden die Bienen in Scharen von ihrem betörenden Duft angelockt. Und der aromatische Lindenblütenhonig ist eine unserer besten und beliebtesten Honigsorten. Die Linden kommen in ganz Europa bis hin nach Kleinasien vor. Sie werden häufig in Parkanlagen und Alleen angepflanzt. Wildwachsend finden wir die Linde in Mischwäldern und an Waldrändern. Sie gehört zur Familie der Lindengewächse (Tiliaceae) und wird 30 bis 40 Meter hoch. Die Linde liebt sonnige bis halbschattige, nicht zu trockene nahrhafte Böden. Sie kann sehr alt werden. Tausendjährige Bäume sind keine Seltenheit. Die Dorflinde hat zu allen Zeiten Dichter und Komponisten zu unvergesslichen Heimatliedern inspiriert wie »Am Brunnen vor dem Tore« oder »Kein schöner Land in dieser Zeit«. Linden pflanzte man neben dem Dorfbrunnen, wo die Frauen sich trafen, um Wasser zu schöpfen. So wurde sie zum gesellschaftlichen Mittelpunkt des Dorfes.

In der Volksheilkunde werden Blätter, Blüten und in seltenen Fällen auch die Rinde verwendet.

WIRKSTOFFE: Ätherisches Öl, Schleimstoffe, Gerbstoffe und Glycosid (Blüten). Viele Proteine, Schleimstoffe, Vitamin C und Mineralstoffe (Blätter).
MEDIZINISCHE VERWENDUNG: Zur Beruhigung bei Erkältungskrankheiten, bei Rheuma.
EIGENSCHAFTEN: Schweißtreibend, fiebersenkend, beruhigend, schlaffördernd, entzündungshemmend, reizlindernd, Steigerung der Immunabwehr, blutdrucksenkend, schmerzlindernd, entkrampfend.

Tilia platyphyllos

IM ALTEN BRAUCHTUM

Unter Linden fanden die großen Dorffeste statt. Auch war
der Baum Treffpunkt der Verliebten. Und in seinem Schatten
feierte man Hochzeit. Unter dem mächtigen Lindenbaum
hielten die Alten Dorfgericht. Er war der Göttin Freya geweiht. Und man glaubte, unter dem Schutz der Freya die
Wahrheit zu finden.

SAMMELZEIT

Die herzförmigen Blättlein werden in den Monaten *April bis
Juni* gepflückt, die Blüten im *Juni und Juli.* Zum Trocknen werden sie auf einem mit saugfähigem Papier ausgelegten Rost
ausgebreitet und in den Schatten gestellt. Die Drogen (Blätter
und Blüten) werden trocken, vor Licht und Staub geschützt,
aufbewahrt. Für die Blüten eignen sich ausnahmsweise Leinen-
säckchen.

HEILKRÄFTE

Die Linde ist ein starkes Heil-, Duft und Würzkraut. Lindenblütentee ist mit seinen schweißtreibenden und fiebersenkenden

> **!** Lindenblüten, über Sommersalate gestreut, sehen nicht nur schön aus, sondern sorgen auch für eine ganz besondere Note.

Wirkkräften ein ausgezeichnetes Mittel in der Volksheilkunde. Auch aktiviert er das Immunsystem, sodass Erkältungskrankheiten rasch überwunden werden können. Dazu sollte man den Tee stets heiß und mit Honig gesüßt trinken.

Der Dominikanermönch und Forscher Albertus Magnus (1200–1280) lobt die Lindenblüten für ihre beruhigenden Eigenschaften: »Sie machen gute Nerven und fördern den Schlaf.« Tatsächlich kann Lindenblütentee bei schweren Fällen von Schlaflosigkeit helfen, indem man eine halbe Stunde vor dem Zubettgehen eine Tasse starken Tee trinkt. Auch hilft er bei chronischen Angstzuständen und bei Anfällen von Panik, da er den Körper entspannt und das Herz beruhigt. Lindenblüten werden als Sedativum auch zur Behandlung von zu hohem Blutdruck angewandt, da dieser häufig auf Angst und Stress beruht. Die Blätter nutzt man bei rheumatischen Erkrankungen und bei Hautausschlägen.

Die Ärztin Hildegard von Bingen (ca. 1098–1179) empfiehlt, zum Schlafen im Sommer frische Lindenblütenblätter auf die Augen und das ganze Gesicht zu legen. Dadurch würden sich die Augen klären und reinigen.

IN DER HOMÖOPATHIE

Die aus den frischen Lindenblüten zubereitete Essenz »Tilia« wird bei Sehschwäche, inneren Blutungen und Kopfschmerzen angewendet.

IN KÜCHE UND HAUS

Die jungen Blätter werden kleingeschnitten in Quark und Joghurt oder in Smoothies gemischt. Und in Öl frittierte Lindenblätter zu Fleisch und Fisch sind eine wahre Delikatesse.

Johanniskraut

Hartheu, Hexenkraut, Teufelsfluch, Sonnwendkraut, Blutkraut, Wundkraut

Das Johanniskraut blüht zur Sommersonnenwende, wenn die Sonne ihren höchsten Stand erreicht hat. Wir finden es draußen in der Natur überall dort, wo es sonnig und trocken ist, auf mageren Wiesen, an Wald- und Wegrändern, an Feldrainen und Böschungen. Dabei wird es bis 80 Zentimeter hoch. Es blüht von Juni bis in den September hinein mit goldgelben, sonnenähnlichen Blütchen. Die Blätter und Blütenblätter der Pflanze sind am Rande schwarz punktiert. Dabei handelt es sich um kleine Öldrüsen, die den wertvollen Heilstoff Hypericin enthalten. Wenn wir die kleinen Blütenblätter zwischen den Fingern zerreiben, wird ein rotes Öl freigesetzt, weshalb die Pflanze im Volksmund auch Blutkraut oder Christi Wundenkraut genannt wird.

In der Heilkunde wird das ganze blühende Kraut verwendet.

BALDUR, DER NORDISCHE SONNENHELD

Als Symbol der lebensspendenden Sonne war das Kraut Baldur, dem Gott des Lichts und der Sonne, geweiht. Zur Sommersonnenwende, dem festlichen Höhepunkt des Jahres,

WIRKSTOFFE: Ätherisches Öl, Gerbstoffe, Hypericin, Flavonoide, Harz, Bitterstoffe, Pektine, Zucker, Glycosid.
MEDIZINISCHE VERWENDUNG: Wund- u. Schmerzbehandlung. Lungenleiden. Magen-Darm- und Gallebeschwerden, Gicht, Rheuma, Nervosität, Schwermut, Hysterie.
EIGENSCHAFTEN: Schmerzstillend, entzündungshemmend, heilend, galletreibend, verdauungsfördernd, beruhigend, wärmend, herzstärkend, tonisierend, kräftigend.

Hypericum perforatum

trugen die Mädchen beim ekstatischen Tanz ums Feuer Kränze aus blühendem Johanniskraut im Haar. Wer in der Mittsommernacht durchs Feuer sprang, überwand alles Leid, reinigte sich von jeglicher Krankheit.

Sammelzeit

Während der Blüte in den Monaten *Juni bis September* kann das ganze Johanniskraut gesammelt werden. Dabei schneiden wir die blühende Pflanze kurz über dem Boden ab und hängen sie gebündelt an einen luftigen und schattigen Ort.

Heilkräfte

Für den Arzt Paracelsus (1493–1541) war das Johanniskraut ein Universalheilmittel. Als Wundheilmittel und als Nervenheilmittel genießt die Pflanze auch heute noch einen guten Ruf.

Innerlich als Tee oder Tinktur angewendet, ist sie hilfreich bei Lungenleiden, bei Magen-, Darm- und Gallenbeschwerden, bei Gicht und Rheuma. Als sogenanntes Sonnenkraut versorgt sie unseren Körper mit Licht- und Wärmekräften. Dabei ist Johanniskraut ein pflanzliches Antidepressivum ohne Nebenwirkungen, das auch in der Schulmedizin Anwendung findet.

In der Volksheilkunde ist das Johanniskraut von alters her ein Mittel bei Melancholie und Hysterie. Auch ist es wirksam bei geistiger Erschöpfung und dient zur Stärkung nach schweren Krankheiten. Nervenschmerzen, Rheuma, Hexenschuss und Muskelverzerrungen werden durch Einreibungen mit dem roten Johannisöl gelindert. Außerdem fördert es die Heilung von Wunden, Brandwunden, Schürfungen und Geschwüren. Pfarrer Kneipp schwor auf das Johanniskraut. Er empfiehlt die Heilpflanze bei nervöser Unruhe, bei Reizbarkeit und Konzentrationsschwäche, zur Nervenstärkung und Steigerung der Lebenskraft. In der Kinderheilkunde wird Johanniskraut bei Konzentrationsstörungen, Sprachstörungen und Bettnässen verwendet.

IN DER HOMÖOPATHIE

Zur Herstellung des Homöopathikums »Hypericum« nimmt man die ganze blühende Pflanze. Man gibt es zur Linderung von Schmerzzuständen, nach Gehirnerschütterung, bei Depressionen und bei Nervenschmerzen.

IN KÜCHE UND HAUS

JOHANNISKRAUT TEE: 1 Teelöffel Johanniskraut mit einer Tasse kochendem Wasser übergießen und bei geschlossenem Gefäß 10 Minuten ziehen lassen. Über einen Zeitraum von zwei bis drei Monaten morgens und abends eine Tasse Tee frisch gebrüht trinken.

GESICHTSÖL FÜR DIE SCHÖNHEIT: Eine Handvoll Blüten mit süßem Mandelöl ansetzen. Die Mischung zwei bis drei Wochen an einen warmen Ort stellen. In eine dunkle Flasche füllen. Kühl aufbewahren.

Kamille

Wohl kaum eine Pflanze ist so beliebt wie die Kamille. Als sanftes Allheilmittel ist sie uns ein treuer Begleiter in gesunden und in kranken Tagen. Sie gehört zur Familie der Korbblütler. Wir finden sie im Spätfrühling an sonnigen, meist trockenen Plätzen, dort fühlt sie sich am wohlsten. Sie wächst an Wegrändern und Feldrainen, auf Äckern und Schutthaufen und wird ca. 30 Zentimeter hoch. Ihre Blütezeit ist von Mai bis August. Ihre Köpfchen sind leuchtend gelb, umrahmt von einem Kranz weißer Blütenblätter. Die Kamille verströmt einen herb-aromatischen, apfelähnlichen Duft, weshalb die Griechen sie *chamaimelon*, von *chamai* = auf dem Boden und *melon* = Apfel, nannten. Allein der Duft der Kamille besänftigt und fördert die Ruhe von Körper und Geist. Ein Aufguss aus Blüten, äußerlich und innerlich angewendet, lindert viele Leiden.

Doch nicht nur beim Menschen entfaltet die Kamille ihre Heilkraft. So ist erwiesen, dass die Gegenwart der Kamille sich heilend und stärkend auf die in ihrer Nähe wachsenden Pflanzen auswirkt. Schon aus diesem Grunde sollte sie in keinem Garten fehlen. Als Duftkraut wurde die Kamille einst auf die Böden von Stuben und Kammern gestreut, denn sie verströmt, wenn man auf sie tritt, einen ganz besonderen Wohlgeruch.

In der Heilkunde werden die Blütenköpfchen verwendet.

WIRKSTOFFE: Ätherisches Öl, Bitterstoffe, Valeriansäure, Flavonoide, Gerbstoffe.
MEDIZINISCHE ANWENDUNG: Bei nervösen Störungen.
EIGENSCHAFTEN: Entzündungswidrig, krampflösend, beruhigend.

Matricaria chamomilla

MAGISCHE KRÄFTE

Die Kamille war eines der neun heiligen Kräuter der Angelsachsen, die sie »maythen« nannten (Englisch: maiden). Jungfrauen galten als mit besonderen magischen Kräften begabt. Ihre medialen, telepathischen und hellseherischen Kräfte waren berühmt. Oft bedienten sich die älteren Priesterinnen ihrer, um in Kristallkugeln oder Wasser die Zukunft zu schauen.

Vor den Riten badeten die Mädchen in Quellwasser, in denen Kamillenblüten schwammen.

SAMMELZEIT

Für Heilzwecke werden die Blütenköpfchen genommen. Wir ernten sie in den Monaten *Mai bis August* an einem sonnigen und trockenen Tag. Sie müssen sauber sein, da sie nicht gewaschen werden dürfen. Wir breiten sie großflächig auf einem Rost mit saugfähigem Papier aus und stellen sie an einen schattigen Ort zum Trocknen.

! Bei richtiger Dosierung ist die Kamille ungiftig. Vor Dauergebrauch muss aber gewarnt werden.

HEILKRÄFTE

Neben Schafgarbe und Lindenblüte ist die Kamille wohl das gebräuchlichste Mittel in der Volksheilkunde. Sie ist ein Kinderheilmittel par excellence und hat sich bei unruhigen Kindern glänzend bewährt. Die Kamille wirkt entzündungshemmend, antibiotisch, krampflösend. verdauungsfördernd, schweißtreibend und fiebersenkend sowie magenstärkend und beruhigend. Hippokrates, einer der bedeutendsten Ärzte der Antike (ca. 460– ca. 370 v. Chr.), lobte ihre Heilkraft in seinen Schriften. Ihr Öl hilft bei Schmerzen von Rheuma und Gicht. Salbe und Öl wirken antiseptisch bei Hautleiden und Ekzemen. Bei Katarrh und Erkältung hilft das Inhalieren mit einem Kräuteraufguss. Und der Duft der Kräuter fördert in der Aromatherapie die Ruhe von Körper und Geist.

IN DER HOMÖOPATHIE

»Chamomilla« ist ein Heilmittel für das Nervensystem. Es wird angewendet bei nervöser Überempfindlichkeit und bei unruhigen Kindern.

IN KÜCHE UND HAUS

DAMPF-INHALATION: Wir gießen in eine Keramikschüssel mit heißem Wasser ätherisches Öl oder wahlweise einen konzentrierten Absud, bedecken den Kopf und die Schüssel mit einem Handtuch und atmen den aufsteigenden Dampf so lange wie möglich ein. Gut bei Asthmaanfällen und Heuschnupfen.

KAMILLENTEE: Man übergießt 7 bis 10 Blüten mit einer Tasse heißem Wasser und lässt sie 10 Minuten ziehen. Der Tee sollte immer in einem bedeckten Gefäß bereitet werden, um zu verhindern, dass der Dampf entweicht, da die Wirksamkeit der Blüten sich sonst verflüchtigt.

Schafgarbe

Achilleskraut, Gotteshand, Soldatenkraut, Wundkraut, Blutstillkraut, Schafzunge, Gänsezunge, Tausendblatt, Jungfrauenkraut

In der Fülle des Sommers finden wir die anspruchslose Pflanze auf trockenen, sonnigen Wiesen, auf Weiden, an Feld- und Wegrändern, häufig zusammen mit Johanniskraut, Ackerwinde, Salbei, Margerite und Flockenblume. Die Schafgarbe liebt die Gesellschaft und wächst meist in kleinen Gruppen. Als ein Sommerkraut gehört sie zu unseren starken Heil-, Duft- und Würzkräutern. Und mit ihrem zarten Honigduft locken die Blüten Schmetterlinge, Bienen und Käfer an.

Die Pflanze gehört zur Familie der Korbblütler. Sie ist in ganz Europa zu Hause und blüht von Juni bis in den Spätherbst hinein. Dabei erreicht sie eine Höhe von 60 Zentimeter. Am Oberteil der Stängel wachsen in dichten Doldentrauben stehende weiße Blütenkörbchen. Nach den ersten Frösten sind die Blüten oftmals rosa überhaucht. Wie die Kamille hat auch die Schafgarbe bodenheilende Eigenschaften. Und man sollte sie im Garten nicht als lästiges Unkraut betrachten, vielmehr sollte man das Kraut stets hegen und pflegen. In der Heilkunde wird die ganze blühende Pflanze verwendet.

WIRKSTOFFE: Achillein, ätherisches Öl, Bitterstoffe, Gerbstoffe, Flavonoide, Vitamine, Mineralstoffe.
MEDIZINISCHE VERWENDUNG: Zur Appetitanregung, bei Magen-und Darmbeschwerden, bei inneren und äußeren Blutungen.
EIGENSCHAFTEN: Krampflösend, entzündungshemmend, blutstillend, verdauungsfördernd, galletreibend, magenwirksam, appetitfördernd, stärkend, antibiotisch wirkend.

Achillea millefolium

Ein Soldatenkraut

Trotz ihres bescheidenen Aussehens verdankt die Schafgarbe ihren wissenschaftlichen Namen dem Helden Achilles. Bei Verletzungen seiner Soldaten verwendete Achilles die Pflanze als Wundheilmittel. Und so gaben die alten Griechen der Heilpflanze den Namen »Achilleion«.

Sammelzeit

Wir sammeln das ganze blühende Kraut in den Monaten *Juni bis September*. Dabei schneiden wir die Pflanze mit der Schere handbreit über dem Boden ab. Dann binden wir sie zu Sträußen und hängen sie »kopfunter« im Schatten zum Trocknen auf.

Heilkräfte

Neben Kamille und Lindenblüte ist die vielseitige Schafgarbe wohl eines unserer beliebtesten Volksheilmittel. Blätter und Blüten der Pflanze werden medizinisch verwendet. Die Schafgarbe enthält Achillein, ätherische Öle, Bitterstoffe,

> **!** Bei Korbblütler-Empfindlichkeit muss auf eine Heil-
> anwendung verzichtet werden.

Gerbstoffe, Flavonoide und sie ist reich an Mineralstoffen und Vitaminen. Als ein aromatisches Bittermittel ist die Schafgarbe heilsam bei Magen-, Darm- und Gallenbeschwerden. Sie regt den Appetit an, fördert die Verdauung und wirkt stärkend. Als ein erprobtes Hausmittel ist sie als Tee schweißtreibend und fiebersenkend. Und mit ihren krampflösenden Eigenschaften zeigt sie sich als ein erprobtes Mittel bei Menstruationsbe-schwerden. Nicht umsonst gilt der Spruch »Schafgarb im Leib tut gut jedem Weib«!

Die Schafgarbe wird medizinisch als Tee verwendet. Äußerlich können Teeumschläge oder eine Lotion angewandt werden.

Doch auch Tiere kennen die Vorzüge der Pflanze. Kühe, Schafe und Ziegen lieben sie als stärkendes Nahrungsmittel und als heilsame Medizin bei Magen- und Darmstörungen.

IN DER HOMÖOPATHIE

Das homöopathische Mittel »Achillea« wird bei Stoffwechsel-störungen, Appetitlosigkeit, Leber- und Gallenbeschwerden angewendet.

IN KÜCHE UND HAUS

Durch ihren Gehalt an Bitterstoffen ist die Schafgarbe als Würzkraut besonders für die Zubereitung fetter Speisen ge-eignet. Frisch gesammelte Blüten und junge Blätter sind eine delikate Würze in Suppen und Eintöpfen. Fein geschnitten schmecken sie auch lecker in Quark und in Kräuterbutter.

TEE FÜR DIE VERDAUUNG: 2 TL kleingehackte frische Blüten mit 250 ml kochendem Wasser übergießen. 10 Minuten ziehen lassen. Abseihen. Den Tee zweimal täglich zwischen den Mahl-zeiten trinken.

Salbei

Salver, Altweiberschmecken, Sophie, Königssalbei, Schafzunge

Mönche brachten den Salbei aus den Mittelmeergebieten über die Alpen. In den Klostergärten des Mittelalters wurde er als Heil- und Würzmittel kultiviert. Noch heute wird der Salbei als Heilmittel angebaut, auch finden wir ihn häufig in Küchen- und Bauerngärten.

Der Salbei ist ein Lippenblütler. Er wird bis zu 60 Zentimeter hoch. Auf unseren Wiesen kündet er den Sommer an. Mit seinen blau-lila Blüten leuchtet er an den Rändern der Feldwege, an Rainen und auf Wiesen. Und als Kind des Südens gedeiht die Pflanze auf sonnigen und trockenen Böden.

Im Altertum galt Salbei als ein Allheilmittel. Der medizinische Name der Pflanze, »Salvia«, geht auf das lateinische Wort *salvare* = heilen, retten zurück. Und vom hohen Ansehen der Pflanze kündet der Spruch: »Gegen des Todes Gewalt Salbei in den Gärten wächst.« In der Volksmedizin werden Blätter, Blüten und junge Triebe verwendet.

SPEISE DER GÖTTER

Einst galt der Salbei als die Speise der Götter, durch dessen Verzehr sie Unsterblichkeit erlangten. Die alten Ägypter gaben

WIRKSTOFFE: Ätherisches Öl, Harze, Gerbstoffe, Bitterstoffe, östrogenhaltige Substanzen, Flavonoide, Saponine.
MEDIZINISCHE VERWENDUNG: Für Hals, Nase und Ohren, für das Blut, bei gynäkologischen Störungen.
EIGENSCHAFTEN: Blutreinigend, schweißhemmend, antibiotisch, krampflösend, entzündungshemmend, blutzuckerregulierend, stärkend.

Salvia officinalis

ihren Frauen Salbeitee zu trinken, damit sie fruchtbar wurden. Und als ein starkes Duftkraut wurde die Pflanze im Mittelalter zur Behandlung von Epilepsie, Lethargie und gegen die Pest angewendet.

SAMMELZEIT

Im *Juni und Juli* wird die ganze Pflanze gesammelt. Sie wird in der Mittagshitze gepflückt, gebündelt und im Schatten zum Trocknen aufgehängt.

HEILKRÄFTE

Der Salbei ist ein Vielheiler. Er wirkt harntreibend, blut-reinigend, entschlackend, desinfizierend, blutstillend, blut-drucksenkend, antibiotisch, schweißhemmend, allgemein kräftigend. Er hellt das Gemüt auf und wirkt bei nervöser Erschöpfung. Der Salbei ist hilfreich bei übermäßiger Schweiß-absonderung und bei Nachtschweiß. Mit seinem ätherischen Öl ist er ein Heilmittel für den Verdauungsapparat. Salbei ist wirksam bei Erkrankungen der Atemwege: bei Erkältungen mit Schluckbeschwerden, bei Mandelentzündung und bei Raucherhusten. Dem Asthmatiker werden Salbeiblätter als Tabakersatz empfohlen. Und bei Entzündungen im Mund- und Rachenbereich ist er ein ideales Gurgelmittel.

! Als stark wirkende Medizin sollte der Tee bei täglicher Einnahme nicht länger als 2 Wochen getrunken werden.

Der Salbei ist zudem ein Diuretikum und vermehrt die Harnproduktion. Als starkes Antiseptikum kann er bei Wunden und Infektionen äußerlich und innerlich angewendet werden. Er hat auch östrogene Wirkung und wird als Antidiarrhoikum eingesetzt.

IN DER HOMÖOPATHIE

Das Homöopathikum »Salvia officinalis« wird aus den frischen Blättern hergestellt. Man verwendet es vornehmlich als schweißhemmendes Mittel.

IN KÜCHE UND HAUS

Salbeiblätter sind besonders würzig. Man nimmt sie gerne für Suppen und Soßen, Fisch und Fleisch. Oder in Mischsalaten, in Gemüsebrühe und in Quark.

Die Blüten mit Kelch können ebenfalls als Würzkraut verwendet werden. Zusätzlich kann man sie aber auch in Öl, Honig und Sherry einlegen.

REZEPT FÜR EIN STÄRKUNGSMITTEL: 80 g getrocknete Salbeiblätter zusammen mit 100 g reinem Honig in einem Liter Wasser kochen. Sodann die Salbeiblätter 30 Minuten ziehen lassen und anschließend filtern. Davon ein kleines Gläschen, täglich zwischen den Mahlzeiten getrunken, hilft bei Erschöpfung und Schwäche.

BEI ERKÄLTUNGSKRANKHEITEN: Salbeitee kann man aus frischen oder getrockneten Blättern zubereiten: 1 Teelöffel mit einer Tasse kochendem Wasser übergießen. Zugedeckt 10 Minuten ziehen lassen.

Als Gurgelmittel bei Mund- und Rachenentzündungen ebenfalls geeignet.

Rosmarin

Anthoskraut, Brautkleid, Hochzeitsbleaml, Meertau,
Weihrauchkraut, Gedächtniskraut

Wegen seiner konzentrationsfördernden Eigenschaften wird der Rosmarin im Volksmund auch Gedächtniskraut genannt. Griechische Studenten des Altertums flochten sich Rosmarinzweige ins Haar, um ihre Gedächtnisleistung zu steigern.

Der stattliche, aromatisch duftende Strauch kann bis zu 2 Meter hoch werden. Er blüht in den Monaten Mai bis August mit blassblauen oder weißen Blüten, die violette Tupfen haben. Die Blüten bieten besonders viel Nektar, weshalb der Strauch ein bevorzugtes Anflugziel von Bienen ist. Der Rosmarin ist eine typische Pflanze der Mittelmeerländer. Dort wächst er wild auf sandigem und trockenem Boden. Im Mittelalter brachten Mönche ihn über die Alpen und pflanzten ihn in den Klostergärten an. Als Gartenflüchtling ist der Rosmarin heute auch bei uns verbreitet. Er wächst mit Vorliebe an sonnigen Mäuerchen. Oder an alten Weinbergen mit Südlage. In der Heilkunde und in der Küche verwendet man die dunkelgrünen, nadelförmigen Blätter und die blühenden Zweiglein. Im Mittelalter fehlte der Rosmarin weder bei kirchlichen noch profanen Feierlichkeiten. Bräute flochten sich den Rosmarin ins Haar, denn er galt als ein Symbol für Liebe und Treue.

WIRKSTOFFE: Ätherische Öle, Harze, Bitterstoffe, Gerbstoffe, Flavonoide, Saponin.
MEDIZINISCHE VERWENDUNG: Kreislaufbeschwerden, Erschöpfungszustände, Gelenkschmerzen.
EIGENSCHAFTEN: Anregend, erwärmend, tonisierend, durchblutungsfördernd, galletreibend, magenstärkend, krampflösend.

Rosmarinus officinalis

In der Heilkunde und als Gewürz wird der oberirdische Teil verwendet.

SAMMELZEIT

Das ganze Kraut, von *Mai bis August.* Es kann zwar das ganze Jahr über gepflückt werden, indessen steht es während der Blüte, in den Monaten Mai bis August, auf dem Höhepunkt seiner Wirkkräfte. Es wird auf einem Rost ausgebreitet und in der Sonne getrocknet.

IN ZEITEN DER PESTILENZ

Der Arzt und Botaniker Leonhart Fuchs (1501–1566) schreibt: »Das hauß zur zeit der Pestilentz mit Roßmarin geröücht / vertreibt darinn die bösen lüfft.« Auch sei er gut bei »den zittern-den und lamen glidern« und bringe »die spraach« zurück.

HEILKRÄFTE

Rosmarin stimuliert das Nervensystem. Er verbessert die Durchblutung des Gehirns und fördert dadurch die Konzen-

> **!** Während der Schwangerschaft sollte Rosmarin nicht verwendet werden.

tration. Rosmarin wirkt anregend und stärkend. Er kann als Stimulans Kaffee ersetzen, ist hilfreich bei Depressionen, bei Lethargie, Benommenheit und Erschöpfung. Der Rosmarin wirkt tonisierend auf das Herz und verbessert dadurch den Kreislauf. Er ist für Menschen zu empfehlen, die chronisch kalte Hände und Füße haben, und die an niedrigem Blutdruck leiden. Die Pflanze wirkt krampflösend und kann so bei Magen- und Darmkoliken genommen werden. Rosmarin ist galletreibend. Er fördert die Verdauung und die Funktion der Leber und hilft, fette und schwere Speisen zu verdauen.

Als Badezusatz wirkt er erwärmend, stärkend und sorgt für eine kräftige Durchblutung. Das Öl der Pflanze wird äußerlich gegen Rheumatismus, zur Behandlung von Verstauchungen, Quetschungen, Wunden und Ekzemen verwendet.

In der Homöopathie

Das Homöopathikum »Rosmarinus folium« wird in der anthroposophischen Medizin als Injektionslösung angewandt. Indikationen hierfür sind: Verbesserung der Durchblutung, Unterstützung bei Diabetes-Therapie und Hypotonie sowie allgemeine Anregung. Begleitend dazu werden Bäder mit Rosmarin-Bademilch empfohlen.

In Küche und Haus

Bei sommerlichen Grillfesten darf er nicht fehlen. Beim Grillen und Braten auf dem Rost verleiht er vor allem Lamm, Geflügel und Schwein einen unverwechselbaren Geschmack.

BEI FIEBER: Eine Handvoll frische Rosmarinblätter zwei Minuten kochen und dann eine Viertelstunde ruhig stehen lassen. Filtern und mit Honig süßen. Bei Fieberzuständen trinkt man täglich drei Tassen von dem Absud.

Mädesüß

Spierblume, Wiesenkönigin, Wiesengeißbart, Krampfkraut, Echte Rüsterstaude

Ein Duftkraut, welches das Herz froh macht«, schwärmte einst der englische Kräuterkundige Gerard (1545–1612). Denn das Mädesüß duftet betörend nach süßer Vanille. Mit seinen ausgleichenden und stimmungsaufhellenden Eigenschaften wird es auch in der Aromatherapie gerne verwendet. Wegen seiner stolzen, hoch über die Wiesengräser ragenden Gestalt wird es im Volksmund auch Wiesenkönigin genannt. Mädesüß hat flauschige, cremefarbene Blütenstände. Die Stängel sind spröde und hölzern und können leicht gebrochen werden. Das Mädesüß wird bis zu eineinhalb Meter hoch. Es wächst in England, Mitteleuropa und Skandinavien. Die Pflanze gehört zur Familie der Rosengewächse. Sie blüht von Juni bis August und wächst an feuchten Orten, an Bachufern, in Marschland, Sümpfen und auf feuchtem Weideland, an ungedüngten und ungespritzten Plätzen. Den Namen verdankt es nicht etwa seinem graziösen Wuchs, vielmehr der Tatsache, dass die Blüten einst zum Aromatisieren und Süßen von Met verwendet wurden. Früher einmal war es ebenso Brauch, die Böden von Stube und Kammer mit duftenden Kräutern zu bestreuen. Sie dienten als Schutz vor Krankheiten. Und im Winter wärmten sie angenehm die Füße.

WIRKSTOFFE: Salicylsäure, ätherisches Öl, Gerbstoffe, Schleimstoffe, Flavonoide.
MEDIZINISCHE VERWENDUNG: Bei Blasen- und Nierenleiden, Fieber und Kopfschmerzen, bei Rheuma und gegen rheumatische Schmerzen.
EIGENSCHAFTEN: Harn- und schweißtreibend, fiebersenkend, antirheumatisch, zusammenziehend, entzündungshemmend, schmerzlindernd.

Filipendula ulmaria

In der Heilkunde wird das ganze blühende Kraut verwendet.

LEBENSVERLÄNGERNDE EIGENSCHAFTEN

Neben Wasserminze und Eisenkraut war das Mädesüß eines
der drei heiligen Kräuter der Druiden. Es war ein wichtiger
Bestandteil ihrer Heil- und Zaubertränke. Auch im Mittelalter
schrieb man dem Mädesüß magische Kräfte zu. Man flocht
daraus Kränze und Girlanden und hängte sie in den Stuben
auf, um sich vor Krankheit und bösen Mächten zu schützen.
Und einer alten Mythe zufolge soll der Duft von Mädesüß gar
lebensverlängernd wirken.

SAMMELZEIT

In den Monaten *Juni bis August*, wenn die Blüten voll entfaltet
sind, ernten wir die Pflanze. Wir bündeln sie zu kleinen Sträußen und hängen sie zum Trocknen an einen schattigen Ort.
Um auch die abfallenden Blüten zu bekommen, legt man ein
Tuch darunter.

> **!** Nebenwirkungen: Bei Überdosierung kann es zu Magen-
> beschwerden und Übelkeit kommen.

HEILKRÄFTE

Das Mädesüß fördert die Regeneration der Magenschleim-
haut und trägt so zur raschen Ausheilung von Magen-
geschwüren bei. Mit seinem hohen Gerbstoffgehalt ist es
zusammenziehend und entzündungshemmend und wirkt
dadurch wundheilend. Das Mädesüß ist ein hilfreiches Mittel
bei Gelenkrheuma und Arthritis. Mit seinen großen schmerz-
lindernden Eigenschaften wirkt es bei arthritischen Schmerzen und bei Kopfweh. Das Kraut übt eine antiseptische
Wirkung auf den Harntrakt aus. Es ist ein starkes Diuretikum
und kann zur Behandlung von Nieren- und Blasenbeschwer-
den genommen werden. Das Mädesüß ist schweißtreibend
und fiebersenkend. In der Volksheilkunde wird es bei fieberhaften Erkältungen, bei Grippe und Schnupfen genommen.
Das Mädesüß vermehrt die Gallenproduktion und wirkt damit
verdauungsfördernd. Auch verbessert es die Funktion des
Immunsystems.

IN DER HOMÖOPATHIE

Für das Homöopathikum »Spirea ulmaria« nimmt man die frische Wurzel der Pflanze. Es gilt als gutes Mittel gegen chronischen und akuten Gelenkrheumatismus und gegen Ischias.

IN KÜCHE UND HAUS

In der Küche wird es gerne als aromatisierendes Kraut verwendet: Dem im Topf kochenden Kompott werden einige Blüten
Mädesüß beigemischt. Dadurch erhält die Obstspeise einen
delikaten, süßen Honiggeschmack. Gleichzeitig kann man
damit die Zuckermenge reduzieren.

ABSUD ZUR WUNDBEHANDLUNG: 30 g Mädesüß mit 600 ml
kochendem Wasser übergießen und 20 Minuten stehen lassen.
Abseihen. Im Kühlschrank hält sich dieser Absud 3 Tage.

Gänsefingerkraut

Sauringl, Genserich, Krampfkraut, Martinshand, Stierkraut, Maukekraut, Anserine

Das Gänsefingerkraut ist heimisch in Mittel- und Nordeuropa und gehört zur Gattung der Rosengewächse. Es wird bis 20 Zentimeter hoch. Die Pflanze blüht vom Frühjahr bis zum Ende des Sommers. Sie wuchert üppig. Oftmals sind große Flächen mit Gänsefingerkraut bewachsen. Anspruchslos ziert es altes Mauerwerk, wächst an felsigen Abhängen, auf Brachland, in Wiesen und an Wegrändern. Gänsefingerkraut bevorzugt nährstoffreiche lehmig-tonige Böden. Es hat silbrige gefiederte Blätter und lang gestielte, goldgelbe Blüten.

Früher war das Gänsefingerkraut ein gebräuchliches Mittel in der Tierheilkunde. Und ein Lieblingsfutter der Gänse, weshalb die deutsche Bezeichnung »Gänsefingerkraut« ist. Weniger profan ist der wissenschaftliche Name »Potentilla anserina«, gebildet aus *potens = mächtig* und *anser = Gans*, da sie im Römischen Reich als ein heiliges Tier Juno, der Göttin des Lichts, geweiht war. Doch nicht nur dem Tier, auch dem Menschen dient das Kraut seit undenklichen Zeiten als ein wertvolles Heil- und Nahrungsmittel. In der Medizin verwendet man das ganze blühende Kraut und die Wurzel als Tee oder Tinktur.

WIRKSTOFFE: Gerbstoffe, Bitterstoffe, Schleimstoffe, Zucker, Flavonoide, organische Säuren, Stärke, Harz, ätherisches Öl, Vitamin C.
MEDIZINISCHE VERWENDUNG: Bei Krämpfen aller Art und zu Spülungen der Mund- und Rachenschleimhaut.
EIGENSCHAFTEN: Magenwirksam, zusammenziehend, entzündungswidrig, stopfend, entkrampfend, schmerzstillend.

Potentilla anserina

ABERGLAUBE

Die Wurzeln, zu Johanni oder in der Andreasnacht ausgegraben und um den Hals getragen oder über die Haustür gehängt, bewahren vor bösem Zauber und wehren die
Dämonen ab.

SAMMELZEIT

Während der Blüte, in den Monaten *Mai bis August*, kann die
ganze blühende Pflanze gepflückt werden. Wir bündeln sie
und hängen sie zum Trocknen an einen schattigen Ort. Die
Wurzel wird im *Herbst* gestochen.

HEILKRÄFTE

Schon vor 2000 Jahren beschrieb der griechische Arzt Dioskurides den »Gänsefinger« als Mittel der Wahl bei Durchfall. Und
in der germanischen Heilkunde wurde die Pflanze, in Milch
aufgekocht, wie es bei den Germanen üblich war, traditionell
bei Blutungen, Entzündungen der Mundschleimhaut und des
Zahnfleisches angewendet. In der Volksmedizin nutzt man
es bei Magen- und Darmkrämpfen, bei Muskelkrämpfen, bei

Durchfällen mit kolikartigen Krämpfen. Früher hat man es mit Vorliebe bei Bauchkrämpfen von Säuglingen eingesetzt.

»Potentilla anserina ist ein höchst wertvolles krampfstillendes Mittel«, schreibt der Arzt und Pflanzenkenner Gerhard Mardaus 1938 in seinem Lehrbuch der biologischen Heilmittel. Auch Pfarrer Kneipp, der das Gänsefingerkraut bei vielen seiner Patienten einsetzte, lobte dessen wunderbare krampfstillende Wirkung.

Noch im letzten Jahrhundert galt das destillierte Wasser der Pflanze als ein Schönheitsmittel: Man beseitigte damit Sommersprossen, Hautunreinheiten oder die Folgen eines Sonnenbrands. Und die Kräuterfrau Maria Treben rühmt die Pflanze zudem als Mittel bei sommerlichen Erkältungen, in Milch gekocht und heiß getrunken.

In der Homöopathie

»Potentilla anserina« wird als Urtinktur vor allem bei Menstruationsbeschwerden eingesetzt.

In Küche und Haus

Die zarten Blätter des Gänsefingerkrautes kann man als Salat oder Gemüse essen.

GÄNSEFINGERKRAUT-SMOOTHIE: Je eine Banane, Möhre und Orange schälen und grob in Stücke schneiden. Mit einer halben Handvoll Gänsefingerkraut und 1 bis 3 getrockneten Datteln in einen Mixer geben und ein großes Glas Mineralwasser hinzufügen. Fein pürieren und frisch genießen.

GÄNSEFINGERKRAUT-TINKTUR: Die frischen Gänsefingerkrautblätter grob schneiden und locker in ein Schraubglas schichten. Mit mindestens 37-prozentigem Alkohol (z. B. Wodka) auffüllen, bis alle Blätter bedeckt sind. Glas verschließen und 3 Wochen an einem warmen Ort ziehen lassen. Anschließend abseihen und in einer dunklen Flasche aufbewahren. Dreimal täglich 21 Tropfen bei Krämpfen aller Art.

Spitzwegerich

Wegetritt, Lungenblatt, Hundsripp, Lämmerzunge, Spießkraut, Wundwegerich, Heilwegerich

Der Wegerich ist der Herrscher des Weges. Das ergibt sich schon aus seinem Namen. Das -rich des Wegerichs ist indogermanischen Ursprungs und bedeutet so viel wie »König«. Der Wegerich stammt aus Europa und Asien. Er ist eine ausdauernde Pflanze, die 15 bis 60 Zentimeter hoch wird, und gehört zur Familie der Wegerichgewächse. Besonders vertraut sind uns der Spitzwegerich und der Breite Wegerich. Der Wegerich wächst auf Feldern, Weiden, an Wald-, Weg- und Wiesenrändern. Wobei der Spitzwegerich eine kleine kugelige Blüte, der Breite Wegerich eine lange Rispe hat. Oft stehen die breit- und schmalblättrigen Arten in Gruppen beieinander.

Kräuterpfarrer Künzle (1857–1945) sagt über den Wegerich: »Den Wegerich hat der liebe Gott an alle Wege gestreut, in alle Wiesen und Raine gesetzt, damit wir ihn stets bei der Hand haben. Denn er ist unstrittig das erste, beste und häufigste aller Heilkräuter.« In der Volksheilkunde werden hauptsächlich die Blätter verwendet.

WIRKSTOFFE: Schleim-, Gerb- und Bitterstoffe, Aucubin, Zucker, Flavonoide, ätherisches Öl, Vitamin A, C, K, Kieselsäure, Kalium, Kalzium, Eisen, Zink, Phosphor (Blätter).
MEDIZINISCHE VERWENDUNG: Erkrankungen der oberen Atemwege, Katarrhe, Husten. Fiebrige Lungen- und Bronchialleiden. Durchfall und Blasenentzündung (Blätter).
EIGENSCHAFTEN: Schleimlösend, krampflösend, adstringierend, fiebersenkend, magenstärkend, blutstillend, wundheilend, antibiotisch.

Plantago lanceolata

Unter der Herrschaft des Merkur

Pflanzenastrolgisch steht der Wegerich unter der Herrschaft des Merkur, denn Merkur, mit seinen geflügelten Schuhen, gilt als Herr aller Wege.

Sammelzeit

Die Blätter werden in den Monaten *März bis August* gesammelt. Wir breiten sie auf einem Holzrost im Schatten zum Trocknen aus.

Heilkräfte

Diese unscheinbare Pflanze gehörte zu den wichtigsten Heilpflanzen des Altertums und des Mittelalters. Sie galt als ein Allheilmittel und wurde zur Behandlung von Wunden und Geschwüren, von Schlangenbissen, Hämorrhoiden und Knochenbrüchen, bei Fieber und Nierenleiden angewendet. Als ein Mittel gegen Kopfschmerzen hatte der Wegerich einen guten

Ruf. Alexander der Große nahm die Pflanze gegen seine rasenden Kopfschmerzen. Es hat von den Ärzten der Antike bis hin zu den großen Naturheilern unserer Zeit viele Anwendungsempfehlungen für das Heilkraut gegeben. Spitzwegerichblätter sind hilfreich bei starker Verschleimung, bei sämtlichen Erkrankungen der Atmungsorgane, Lungenasthma, Lungenspitzenkatarrh und Lungentuberkulose. Ebenso bei jeder Form des Hustens.

Der Wegerich ist auch ein altes Hausmittel zum Blutstillen. In manchen Gegenden schnupft man ihn heute noch bei Nasenbluten. Und noch immer nehmen manche Wanderer Wegerichblätter als erste Hilfe bei Verletzungen und Insektenstichen. Wobei man die Blätter zerkaut und auf die Wunde legt. Pfarrer Kneipp schreibt, man könne den Wegerich ohne Gefahr einer Blutvergiftung zur Heilung von offenen Wunden verwenden. Die frisch zerquetschten Blätter lindern als Kompresse Entzündungen der Augen und der Haut.

Zur Raucherentwöhnung wird der aus den Blättern gewonnene Spitzwegerichfrischsaft (gläschenweise) oder die Urtinktur (tropfenweise in Wasser) genommen.

IN DER HOMÖOPATHIE

Das Homöopathikum »Plantago major« wird aus dem Breitwegerich hergestellt. Es wird bei Zahnschmerzen, Gesichtsneuralgien, Ohrenschmerzen und Bettnässen verabreicht.

IN KÜCHE UND HAUS

Die Blätter des Wegerichs haben einen herb-bitteren Geschmack. Sie eignen sich hervorragend als Wildgemüse, in Salaten, in Quark, als Kräuterbutter. Als Gemüse gekocht oder gedämpft schmeckt der Wegerich wie eine Mischung aus Spinat und Kohl.

WEGERICH ALS SUPPENGEWÜRZ: Die im Schatten getrockneten Wegerichblätter bewahren wir in Weißblechdosen auf und verwenden sie als schmackhaftes und gesundes Suppengewürz.

Wildrose oder *Hagebutte*

Heckenrose, Hundsrose, Hagrose, Hainrose, Hetschepetsche, Hiefenstrauch, Hanbutte

Die Wildrose, auch als Heckenrose bekannt, liebt die Sonne. Sie wächst in Gesamteuropa, an Waldrändern, an Feldrainen, an sonnigen Heidehängen. Meist finden wir sie in artenreichen Wildhecken. Der Strauch kann mehrere Meter hoch werden. Seine überhängenden Zweige sind mit Dornen besetzt. Die Wildrose gehört zur Familie der Rosengewächse. In den Monaten Juni und Juli trägt die Wildrose kleine Röschen mit zartrosa und weißen Blüten. Und im Frühherbst leuchten die dunkelroten Hagebutten aus Busch und Hecke. Bewaffnet mit Tassen, Töpfen, Milchkannen und Körben ziehen auch heute noch einige Mütter und Kinder hinaus, um die kostbaren »Butten« zu ernten – für die Herstellung von Marmelade, Gelee, Sirup und für den erfrischenden Hagebuttentee. Und auch viele Bauern, Imker und Kräuterweible wissen, wo man die schönsten Hagebutten findet. Sie bereiten das köstliche Hägenmark daraus, um es auf dem Markt als kulinarische Spezialität anzubieten. Der zugehörige Hefezopf wird meist gleich am nächsten Stand verkauft.

In der Volksheilkunde wird hauptsächlich die Hagebutte (Heckenrosenfrucht) als Tee verwendet.

WIRKSTOFFE: Vitamine A, B, C (besonders viel), E, K, ätherisches Öl, Mineralstoffe, Flavonoide, Fruchtsäuren.
MEDIZINISCHE VERWENDUNG: Zur Appetitanregung, steigert die Abwehrkräfte.
EIGENSCHAFTEN: Harntreibend, nieren- und blasenreinigend, entschlackend, kräftigend, stärkt die Immunabwehr.

Rosa canina

DAS DUFTENDE ÖL

Bei den Germanen war die Rose der Göttin Freya, Ur- und
Erdmutter, Göttin der Liebe und Fruchtbarkeit, geweiht. Und
nur an einem Freitag, dem Tag der Göttin, durfte die Rose
gebrochen werden, die dann zu Heil- und Zauberzwecken
verwendet wurde.

SAMMELZEIT:

Die Hagebutten sind im *Oktober* reif. Die Kerne werden ent-
fernt. Die Früchte werden in kleine Stücke zerquetscht und in
einem warmen, gut durchlüfteten Raum getrocknet. Die Stücke
werden in einem fest verschließbaren Behälter an einem dunklen Ort aufbewahrt.

HEILKRÄFTE

Blütenblätter, Kerne und Früchte der Wildrose haben heilen-
de Kräfte, die über Jahrtausende den Menschen dienten. Im
Altertum wurden die Blütenblätter in Ölen und Wein aufgelöst

und vermischt mit Honig als Rosenpastillen oder Rosenwasser eingenommen. Extrakt aus Rosenblüten ist auch heute noch in den Apotheken erhältlich. Es wird mit Wasser verdünnt und ist ein ausgezeichnetes Mundwasser für Zähne und Zahnfleisch.

Interessant ist die Hülle der Hagebutte, welche aus rotem Fruchtfleisch besteht und über die meisten Vitamine verfügt. Die Hagebutte ist eine wahre Vitamin-C-Bombe. Sie ist neben Schlehe und schwarzer Johannisbeere die vitaminreichste Frucht überhaupt. Ihr hoher Vitamin-C-Gehalt unterstützt unsere Immunkörperbildung und steigert die Abwehrkraft. So ist die Hagebutte als Sirup, Marmelade oder als Tee nicht nur wohlschmeckend, sie wirkt auch vorbeugend gegen Erkältungskrankheiten und grippale Infekte. Ein beliebtes Hausmittel ist der »Kernlestee«, der aus den getrockneten Kernen der Hagebutte bereitet wird. Man nennt ihn auch »Darmputzerle«, denn die vanillinhaltigen Kerne wirken leicht abführend und entschlackend.

Schönheitscreme nach Galen

DAS REZEPT

Zutaten

85 ml Olivenöl
30 g Bienenwachs
30 ml Rosenwasser

Zubereitung

Olivenöl und Bienenwachs in eine kleine Keramikschüssel füllen. Die Schüssel in einen Topf mit heißem Wasser stellen. Die Mischung bei mittlerer Temperatur köcheln, bis das Wachs geschmolzen ist. Das Wachs-Ölgemisch darf die Temperatur von 70 Grad Celsius nicht überschreiten. Jetzt das Rosenwasser leicht erwärmen und unter ständigem Rühren mit dem Wachs-Ölgemisch vermengen. Anschließend nehmen wir die Keramikschüssel aus dem Wasserbad und rühren die Creme, bis sie vollständig erkaltet ist.

Holunder

Elderbaum, Holder, Holler, Schwarzer Holunder, Schwarzholder, Schwitztee

Angelehnt an altes Mauerwerk, an Hütten und Scheunen wächst er in ländlichen Gegenden. Als Busch oder kleiner Baum bevorzugt der Holunder schattige und feuchte Orte. Auch in Wildhecken finden wir ihn, inmitten von Brombeerranken, Hagebutten und Weißdorn. Als ein heiliger Baum der Germanen war er den Göttern geweiht. Und man pflanzte ihn daher als Schutzbaum in die Nähe menschlicher Behausungen. Der Holunder ist nach der Licht- und Fruchtbarkeitsgöttin Holle oder Holda benannt, denn der althochdeutsche Name »Holuntar« bedeutet Baum der Frau Holle. Eine heiße, gesüßte Holunderbeerensuppe diente den Germanen einst als Kultspeise, die auf die kalte Jahreszeit vorbereiten sollte.

Der Holunder gehört zur Familie der Geißblattgewächse. Im späten Frühling blüht er mit cremeweißen, schirmähnlichen Bü-

WIRKSTOFFE: Ätherische Öle, Gerbstoffe, organische Säuren, das Blausäure-Glycosid Sambunigrin, Schleimstoffe (Blüten). Flavonoide, ätherische Öle, Vitamine und Zucker, Fruchtsäuren, Blausäure-Glycosid Sambunigrin (Beeren).
MEDIZINISCHE VERWENDUNG: Rheuma, Gicht, fiebrige Erkältungen, Mandelentzündung, chronische Halsschmerzen, Stirn- und Nebenhöhlenprobleme, Katarrhe, Harnverhalten.
EIGENSCHAFTEN: Schweiß- und harntreibend, entschlackend, schwach abführend, blutreinigend, stärkend (Blüten). Kräftigend, nervenstärkend, immunstimulierend, fiebersenkend, harn- und schweißtreibend (Beeren).

Sambucus nigra

scheln winziger Blüten und erfüllt an lauen Abenden die Luft mit seinem betörenden Duft. Die reifen, glänzend schwarzen Beeren können im Frühherbst geerntet werden. In der Volksheilkunde werden Blüten und Früchte verwendet.

DIE HOLLERMUTTER

Die Fruchtbarkeitsgöttin Holda lebte als schützender Hausgeist im Hollerbusch. Zur Winterzeit, so glaubten die Germanen, zog die Göttin über die Erde, um mit den todbringenden Kräften Eis und Schnee zu ringen und der Erde neue Fruchtbarkeit, neues Leben zu schenken.

SAMMELZEIT

Die Blütendolden pflückt man mit der Hand oder schneidet sie vorsichtig mit der Schere ab. Sie können im *Mai und Juni* geerntet werden. Sie werden zum Trocknen im Schatten auf einem Musselintuch ausgebreitet. Die Beeren folgen im *September*, wenn sie ihre volle Reife erreicht haben. Für Suppe oder Mus werden sie mit einer Gabel vom Büschel abgestreift.

! Die Beeren grundsätzlich nicht roh verzehren! Unge-
kocht sind sie ungenießbar und können Magen-Darm-Be-
schwerden und Erbrechen auslösen. Die Beeren müssen auf
mindestens 80 Grad Celsius erhitzt werden, bevor man sie
weiterverarbeitet.

HEILKRÄFTE

Auf dem Lande wird der Holunder das »Apothekerkästchen der
Bauern« genannt. Denn der nahe am Haus wachsende Baum war
für die Landbevölkerung schon immer eine wichtige Heilpflanze.
Und so groß war die Ehrfurcht, dass es noch im letzten Jahrhundert in manchen Gegenden Brauch war, vor dem Hollerstrauch
kniend ein Gebet zu sprechen, bevor man seine Früchte erntete.

Aus den zur Sonnenwende gesammelten Blüten brauten die
Großmütter einen das Immunsystem stärkenden, schweiß- und
harntreibenden fiebersenkenden Tee, der bei Grippe und
Erkältungen, bei Rheuma, Masern und Scharlach getrunken
wurde. Das aus den purpurschwarzen Beeren gekochte Mus
dient zur Darmreinigung und Verdauungsanregung. Neueste
Forschungen belegen die immunstimulierende und nerven-
stärkende Wirkung der Beeren. Saft, Sirup und Suppe helfen
bei viralen Infekten, Herpes und bei Neuralgien. Und Holun-
derblütentee, am Abend getrunken, ist ein Sedativum und
kann zur Behandlung von Schlafstörungen verwendet werden.

IN DER HOMÖOPATHIE

Anwendung bei Muskel- und Gelenkrheumatismus, Katarrh
der oberen Luftwege, fieberhaften Erkältungskatarrhen und
Asthma bronchiale.

IN KÜCHE UND HAUS

In der Küche können die Blüten frisch zu den Früchten des
Sommers gegessen oder als Wein, Limonade und Sekt ange-
setzt werden. Die Beeren schmecken köstlich als Kompott, als
Chutney, Saft, Gelee, Likör und Wein.

Brombeere

Brommelbeere, Kratzelbeere, Hirschbollen, Hundsbeere, Kroatzbeere, Schwarze Haubeere

Wild wächst die Brombeere an Feldrainen und Waldrändern, an Hügeln und Böschungen – der Sonne zugewandt. Sie wächst in ganz Europa. Die Brombeere gehört zur großen Familie der Rosengewächse, die vom Obstbaum bis zur kleinen Walderdbeere reicht. Am nächsten verwandt ist sie mit der Himbeere, in deren Gesellschaft man sie häufig findet. Der Brombeerstrauch kann bis zu drei Meter hoch werden. Er blüht vom Mai bis in den späten Herbst hinein mit weißen oder rosafarbenen Blüten. Dabei kennt er keine einheitliche Blütezeit. Oftmals wachsen an einem Strauch Blüten, unreife und reife Früchte zugleich. Im September erreichen die Beeren den Höhepunkt ihrer Reife. Bei der Ernte lösen sie sich, fallen wie von selbst in die geöffnete Hand. Denn vollreif müssen die Brombeeren sein, sonst schmecken sie sauer und sind diätetisch wertlos. In der Heilkunde verwendet man die Blätter und den Beerensaft, wobei dieser, heiß und mit Honig genossen, bei fiebriger Erkältung hilft.

WIRKSTOFFE: Gerbstoffe, ätherisches Öl, Flavonoide, organische Säuren (Blätter). Fruchtsäuren, Vitamin C, Schleimstoffe, Pektin, Zucker, Fett (Früchte).
MEDIZINISCHE VERWENDUNG: Zur Blutreinigung und bei Durchfallerkrankungen, Magen- und Darmkatarrh, Gicht, Entzündungen der Mund- und Rachenschleimhaut (Blätter). Zur Infektabwehr sowie zur Kräftigung (Früchte).
EIGENSCHAFTEN: Blutstillend, blutreinigend, blutdrucksenkend, zusammenziehend, stopfend (Blätter). Kräftigend, aufbauend, vorbeugend gegen Erkältungen, leicht abführend (Früchte).

Rubus fruticosus

REINIGUNGSZEREMONIEN IN DER ANTIKE

Der Brombeerstrauch hat lang überhängende Zweige, die an ihrem Ende Wurzeln schlagen. Dabei bilden sie eine torähnliche Öffnung. Aus diesem Grund spielte der Brombeerstrauch in den Reinigungszeremonien der Antike und im Mittelalter eine wichtige Rolle. Dabei musste der Kranke durch dornenbewehrte Ranken kriechen, um Krankheit, Sünde und Unglück an den stacheligen Zweigen abzustreifen.

SAMMELZEIT

Die Blätter bilden die Droge. Sie müssen in verhältnismäßig jungem Zustand, jedoch wenn sie voll entfaltet sind, also *im späten Frühjahr*, gepflückt werden. Wir breiten sie auf einem Holzrost aus und trocknen sie im Schatten. Im Monat *September* erreichen die Früchte den Höhepunkt ihrer Reife und können dann geerntet werden.

HEILKRÄFTE

Die Brombeere gehört zu unseren ältesten Heilpflanzen. Schon Steinzeitmenschen nutzten Beeren, Blüten und Blätter des Strauchs. Mit einem Absud aus Brombeerblättern färbten sich die Frauen der Antike das Haar schwarz. Der griechische

Arzt Dioskurides (1. Jahrhundert n. Chr.) berichtete von der blutstillenden Wirkung der Blätter, mit denen Geschwüre und Wunden geheilt werden könnten. Hildegard von Bingen (ca. 1098–1179), die große Ärztin des frühen Mittelalters, behandelte damit Husten und Halsschmerzen, Fieber, Migräne und Zahnschmerzen. Unsere Großmütter griffen bei leichten Durchfallerkrankungen gerne zu einer Tasse Brombeerblättertee. Bei Magen- und Darmkatarrh, zur Blutreinigung und bei Hautausschlägen ist der Tee ein altbewährtes Hausmittel. Ebenso für Spülungen und zum Gurgeln bei Angina und Halsentzündung, bei Entzündungen des Mund- und Rachenraums und zur Kräftigung des Zahnfleisches.

Heißer Brombeersaft mit Honig ist bei fiebrigen Erkältungen, bei Husten und Heiserkeit ein stets zuverlässiges Hausmittel. Neueste Untersuchungen zeigen außerdem, dass die Enzyme der Brombeere besonders wichtig für das Gehör sind.

In Küche und Haus

Ob als Dessert mit süßer Sahne oder Crème fraîche serviert, als roher Fruchtaufstrich oder im Joghurt, Brombeeren sind ein Genuss. Besonders lecker schmecken Pfannkuchen mit frischen Brombeeren belegt. Für den Winter lassen sich Marmelade, Gelee, Saft und Wein, Essig und Chutney bereiten.

Brombeersauce

DAS REZEPT

Zutaten

350 g frische Brombeeren
1,5 EL Johannisbeer- oder Brombeersirup

Zubereitung

Die Brombeeren verlesen, waschen und abtropfen lassen. Die Beeren mit dem Fruchtsirup in einem Mixer oder mit einem Pürierstab pürieren. Das Püree durch ein Sieb streichen, um die Kerne zu entfernen. Die Sauce heiß oder kalt zu Pfannkuchen, Pudding oder Vanilleeis servieren.

Eibisch

Weiße Malve, Heilwurz, Schleimwurzel, Flusskraut

Zusammen mit Königskerze, Klatschmohn, Märzenveilchen, Malve, Katzenpfötchen und Huflattich gehört der Aufguss vom Eibisch zu den sieben wichtigsten bruststärkenden Tees. Der lateinische Name Althaea stammt aus dem griechischen Wort *altho* = heilen und weist auf die großen Heilkräfte der Pflanze hin. Der Eibisch wächst in Europa und Westasien. Er gehört zur Familie der Malvengewächse. Mit seinen mannshohen Stängeln und den großen weißen und rosafarbenen Blüten ziert er häufig Bauerngärten. Wildwachsend finden wir den Eibisch in unserer Region vor allem auf feuchten Wiesen und Weideland, an sumpfigen Bächen und Gräben.

Die Römer schätzten Gemüse aus Eibischwurzeln als besondere Delikatesse. Und heute sind die bunten, gummiartigen Marshmallows, die ursprünglich aus der Eibischwurzel hergestellt wurden, bei Kindern und Erwachsenen eine beliebte Süßigkeit.

In der Heilkunde werden sowohl die Blätter und Blüten als auch die Wurzeln verwendet.

WIRKSTOFFE: 20 bis 30 Prozent Schleimstoffe, 35 Prozent Stärke, ätherische Öle, Rohrzucker, Pektin, Mineralstoffe (Wurzel). Wenig Schleimstoffe, etwas ätherisches Öl (Blätter und Blüten).
MEDIZINISCHE VERWENDUNG: Entzündung der Atemwege, bei Magen- und Darmentzündung, Verstopfung, trockenem Reizhusten, Zahnfleischentzündung.
EIGENSCHAFTEN: Bruststärkend, entzündungshemmend, abführend, harntreibend, beruhigend.

Althaea officinalis

EIN BLICK IN DIE GESCHICHTE

Als Heilpflanze blickt der Eibisch auf eine lange Geschichte zurück. So fanden Forscher im Grab eines Neandertalers, der etwa 60 000 Jahre vor Christi Geburt lebte, Spuren von sieben Pflanzenarten, darunter auch Eibisch. Schon unser Vorfahre nutzte die Kräuter wahrscheinlich zu Heilzwecken.

SAMMELZEIT

Blüten und Blätter werden in den Monaten *Juni bis August* gesammelt, die fleischigen Wurzeln von *September bis November*. Der obere Teil der Pflanze wird zu kleinen Sträußen gebunden und in den Schatten gehängt. Die Wurzeln werden auf einem mit saugfähigem Papier ausgelegten Rost ausgebreitet.

HEILKRÄFTE

Schon in der Antike war der Eibisch wegen seiner großen Heilkraft bekannt. Der römische Schriftsteller Plinius der Ältere (23–79 n. Chr.) schreibt, schon ein Löffel Eibisch genüge, um gesund und beschwerdefrei zu sein. Der Eibisch ist eine Schleimdroge. Vor allem die Wurzel enthält in großen Mengen Schleimstoffe, die sich reizlindernd auf alle Arten von Entzündungen auswirken. So findet der Eibisch Anwendung bei Magen- und Darmentzündungen, bei Durchfall und bei Entzündungen der Atemorgane. In Wein oder Milch gekocht befreit er von Husten und Bronchitis. Auch bei chronischem Asthma und Staublunge kann er helfen. Bei Entzündungen im Mund, am Zahnfleisch und im Rachen empfiehlt es sich, mit einer Abkochung zu spülen oder zu gurgeln. Bei Verletzungen der Haut legt sich der Schleim als Schutzschicht über die entzündeten Stellen, die darunter schneller abheilen können. Die Blüten in Honig gekocht sind ein ausgezeichnetes Hustenmittel, das vor allem Kinder gerne nehmen.

Der Arzt Tabernaemontanus (ca. 1522–1590) schreibt von der »Krafft und Würckung« des Eibischs: »Es wird auch diß Kraut wider das brennende Harnen gebraucht / mit Süßholtz in Gerstenwasser gesotten / oder in süssem Wein / und darvon getruncken.«

In der Homöopathie

Das homöopathische Mittel »Althaea« wird bei Katarrhen der Atemwege, bei trockenem Reizhusten und bei Entzündungen im Rachenraum angewendet.

In Küche und Haus

Frittierte Eibischblätter sind eine appetitanregende Vorspeise. Dabei nimmt man eine Handvoll Eibischblätter und taucht davon jeweils 4 Stück in heißes Sonnenblumenöl. Die Blätter rollen sich zusammen und erhalten eine transparente dunkelgrüne Farbe. Jetzt nimmt man sie vorsichtig mit einem perforierten Löffel heraus und legt sie zum Abtropfen auf Küchenpapier.

Die frittierten Blätter werden mit Meersalz bestreut und mit frischen Eibischblüten dekoriert oder als exotische Dekoration auf gegrilltem Fleisch oder Fisch aufgelegt.

Beifuß

Buckele, Gänsekraut, Sonnwendgürtel, Wilder Wermut, Johannisgürtel, Thorwurz, Mugwurz

Der Beifuß war eine der mächtigsten Heil- und Ritualpflanzen der archaischen Volksstämme. Er gehört zu den Pionierpflanzen, die sich des Ödlands bemächtigen. Die Pflanze ist ein Korbblütengewächs und in ganz Europa verbreitet. Im Sommer wächst er meist unbeachtet auf Brachflächen und Schutthalden, er ist an Bahndämmen und Böschungen, auf trockenen Hügeln, an Wegrändern und Zäunen zu finden. Der Beifuß ist besonders zäh und ausdauernd. Aufrecht, luftig und leicht von Gestalt, kann er bis eineinhalb Meter hoch werden. In den Monaten Juni bis September blüht er mit gelben oder rötlichen Blütenrispen.

Als ein Frauenkraut war er Artemis, der Göttin der Natur und Schutzherrin der Gebärenden, geweiht. Daher stammt sein wissenschaftlicher Name »Artemisia«. Plinius der Ältere (23–79 n. Chr.) berichtet in seiner Naturgeschichte, dass ein Büschel Beifuß im Schuh oder an die Wade gebunden den Wanderer nicht ermüden lasse, weshalb die Pflanze wohl die deutsche Bezeichnung »Beifuß« erhalten hat. Die Pflanze ist reich an ätherischem Öl und einem Bitterstoff. In der Heilkunde werden die oberen Blütenrispen gerebelt als Tee verwendet.

WIRKSTOFFE: Ätherisches Öl, Absinthol, Bitterstoff, Gerbstoffe.
MEDIZINISCHE VERWENDUNG: Für den Stoffwechsel, für das Immunsystem, gegen Frauenleiden, Hysterie, Epilepsie.
EIGENSCHAFTEN: Stoffwechselfördernd, krampfstillend, anregend und stärkend.

Artemisia vulgaris

Heilen und Zaubern

Im Mittelalter galt der Beifuß als ein wirksames Mittel gegen Hexenkunst. Mit Räucherungen rückte man Verzauberungen und der Pest zu Leibe. Man hängte ein Sträußlein Beifuß an die Haustür, um das Böse fernzuhalten. Und der Bauer legte Beifuß in den Stall, um sein Vieh zu schützen.

Sammelzeit

In den Monaten *Juni bis September* blüht der Beifuß mit gelben oder rötlichen Blütenrispen. Wir rebeln Köpfchen und Rispenblättchen ab und breiten sie zum Trocknen auf einem Holzrost aus. Die bitteren Stängelblätter lassen wir weg.

Heilkräfte

Die großen Ärzte und Heilkundigen des Altertums loben die Vorzüge der Pflanze als ein Frauenheilmittel. Auch in der Klostermedizin des Mittelalters gebrauchte man den Beifuß als

> **!** Darf als ein stark wirksames Kraut während der Schwangerschaft nicht eingenommen werden. Zudem besteht eine gewisse Verwechslungsgefahr mit den Blättern des hochgiftigen Blauen Eisenhuts. Im Unterschied zu den Beifußblättern sind sie aber an der Unterseite nicht weißfilzig.

ein wirksames Mittel bei Frauenleiden, um die Fruchtbarkeit zu stärken, die Geburt zu erleichtern, sowie bei unregelmäßiger und schmerzhafter Menstruation.

Der Bitterstoff und ätherisches Öl machen den Beifuß zu einem aromatischen Bittermittel (Amarum aromaticum). In der Volksmedizin steht seine appetitanregende und verdauungsfördernde Wirkung im Vordergrund. Beifuß gilt als fäulniswidrig und reinigend. Der Beifuß wird als Tee angewendet bei starken Magen- und Darmstörungen mit Durchfällen, auch bei Hämorrhoiden, Stein- und Blasenleiden, Galle- und Leberleiden. Auch bei Nervenkrankheiten, allgemeiner Schwäche mit Kopfweh und Übelkeit gibt man Beifuß. Interessant ist, dass der Beifuß in der Volksmedizin als ein Mittel gegen Epilepsie gilt. Insgesamt ist der Beifuß ein kraftvolles Mittel für den Stoffwechsel und für das Immunsystem und damit ein gesundes Würzkraut in der Küche.

IN DER HOMÖOPATHIE

»Artemisia vulgaris«. Die Wurzel wird in Form einer Tinktur als Frauenheilmittel, bei Krampfzuständen und Epilepsie angewandt.

IN KÜCHE UND HAUS

Wir nehmen das blühende Kraut frisch oder getrocknet zu Suppen, Soßen und Salaten. Beim Feinschmecker beschwört der Beifuß das Bild üppiger Mahlzeiten herauf: ob als Fülle im Gänsebraten, zur duftenden Ente, zu fetten Fleischspeisen oder einfach aufs Schmalzbrot gestreut. Beifuß gilt von alters her als Gewürz zu schwer verdaulichen Speisen.

Engelwurz

Angelika, Engelswurz, Erzengelwurzel, Dreieinigkeitswurz, Theriakwurz, Brustwurz

Da die Engelwurz in nördlichen Gefilden zuhause ist, finden sich die ältesten Schriftzeugnisse über ihre Heilwirkungen in Skandinavien, Island und Grönland. Die Engelwurz ist eine große Heilerin und ihr Ruf ist ungebrochen. In den nordeuropäischen Ländern und Nationen ist sie auch heute ein unentbehrliches Heil- und Nahrungsmittel, denn im rauen Klima des hohen Nordens wächst sie im Überfluss.

Wikinger brachten die bedeutende Heilpflanze im 10. Jahrhundert nach Mitteleuropa, wo sie sich großer Beliebtheit erfreute. In den Klostergärten wurde sie als Heil- und Würzmittel kultiviert und als Gartenflüchtling ist sie heute bei uns weit verbreitet. Die Engelwurz ist ein Doldengewächs. Die stark aromatisch duftende Pflanze finden wir bei uns auf feuchten, nährstoffreichen Tonböden, in sonnigen und halbschattigen Lagen, auf sumpfigen Wiesen, in Mooren und in Auwäldern. In den Monaten Juni bis August blüht sie mit kugelförmigen grüngelben Blütendolden, die einen Durchmesser von 40 Zentimeter erreichen können. Die Pflanze erreicht eine imposante Höhe von bis zu zweieinhalb Meter. In der Heilkunde wird die Wurzel verwendet.

WIRKKRÄFTE:
Ätherisches Öl, Bitterstoffe, Gerbstoffe, Furanocumarine, Harze, Pektin.
MEDIZINISCHE VERWENDUNG: Für den Stoffwechsel, für das Immunsystem.
EIGENSCHAFTEN: Appetitanregend, verdauungsfördernd, stärkend, entkrampfend, desinfizierend.

Angelica archangelica

SAMMELZEIT

Wurzel: Von *September bis März*. Die Wurzeln dürfen nicht bei Wärme getrocknet werden, da sonst die wertvollen ätherischen Öle verdunsten. Zu empfehlen ist ein trockener, luftiger Ort.

Blätter: Vor der Blüte, also *vor Juni*.

Samen: *Oktober bis Dezember*. Die Samen werden sanft und ohne Wärme getrocknet. Bei der Ernte sollten Handschuhe getragen werden, weil die Pflanzensäfte die Haut reizen.

EIN GESCHENK DER ENGEL

Während der Pestepidemie im Mittelalter erschien laut einer Legende einem frommen Mönch der Erzengel Michael und offenbarte ihm als Schutz vor der Pest die Engelwurz.

HEILKRÄFTE

Die Engelwurz ist eine Bitterstoffdroge mit ätherischen Ölen und damit ein wichtiges Verdauungsmittel. Sie ist verdauungsfördernd und appetitanregend, kraftspendend und abwehrsteigernd, wirkt antiseptisch und antibiotisch. Engelwurz stärkt Leber und Galle und ist hilfreich bei Rheuma und Gicht. Auch bei seelisch bedingten Magenschmerzen ist sie indiziert. Sie

> **!** Verwechslungsgefahr mit dem giftigen Gefleckten Schier-
> ling, der Schierling hat aber einen sehr unangenehmen
> Geruch. Weiterhin zu beachten: Die Engelwurz darf nicht
> während der Schwangerschaft verwendet werden.

wird auch bei Magersucht (Anorexie) angewendet. Mit ihren immunstärkenden Eigenschaften ist sie ein Heilmittel bei Erkältungskrankheiten.

Die Engelwurz ist eine Theriakwurzel, die über viele Jahrhunderte gegen Seuchen wie Cholera und Pest und gegen Gift genommen wurde. Man kaute die Wurzel und trug sie als Schutz vor Ansteckung am Leib.

Äußerlich werden Rheuma, Gicht und Arthritis, Muskelschmerzen und allgemeine Verkrampfungen mit Einreibungen behandelt. Eine Handvoll Blätter, dem Badewasser zugefügt, wirkt entspannend und hilft bei Depressionen. Die Engelwurz wird medizinisch als Tee oder Tinktur verwendet.

In der Homöopathie

»Angelica archangelica« wird bei Katarrhen der oberen Luftwege und bei Nervenleiden eingesetzt. In der Homöopathie verwendet man die Wurzel.

In Küche und Haus

Alle Teile der Engelwurz sind essbar. In Norwegen und Island isst man bis heute Stängel und Wurzel als Gemüse zubereitet oder roh im Salat. Die pulverisierte Wurzel lässt sich als Gewürz verwenden.

TEEZUBEREITUNG: Zwei gehäufte Teelöffel (Wurzel und Blätter) mit einem Viertelliter Wasser übergießen und zum Sieden bringen. Zwei Minuten ziehen lassen, abseihen und den Tee schluckweise und mäßig warm trinken. Bei einer regelmäßigen Kur sollte nach 4 Wochen eine Pause eingelegt werden.

Schlehe

Haferpflaume, Schwarzdorn, Sauerpflaume, Bockbeerli, Hagedorn, Heckendorn

Sie ist der Ahnherr unserer Pflaume und gedeiht als Baum oder Strauch in wilden Hecken, an Wald- und Wegrändern, an sonnigen Berghängen, auf Heideland und in Triften. Als Einfriedung – althochdeutsch Hag – umgaben dornenbewehrte Wildhecken Gehöfte, um sie vor Eindringlingen zu schützen, weshalb Weißdorn und Schlehe im Volksmund Hagedorn genannt werden.

Die Schlehe ist ein Rosengewächs. Sie wächst in ganz Europa. Der bis zu drei Meter hohe Strauch kann ein ehrwürdiges Alter von mehr als 500 Jahren erreichen. Mit ihrer weißen Blütenpracht kündet sie als einer der ersten Frühjahrsblüher den Frühling an. »Erst wenn der Schwarzdorn blüht, ist der Winter überwunden«, sagt eine alte Bauernregel. Als reichhaltige Nahrungsquelle lockt der Schlehenstrauch Bienen und Insekten an. Und die mit langen Dornen bewehrten Zweige sind ein schützender Nistplatz für viele Vogelarten. Der wissenschaftliche Name »Prunus spinosa« kommt von *Prunus* = Pflaumenbaum und *spinosa* = dornig, stachelig. In der Heilkunde verwendet man Blüten und Früchte.

WIRKSTOFFE: Ätherische Öle, Schleimstoffe, Gerbstoffe, Cumarin, Flavonoide (Blüten). Vitamin C, B1, B2, B6 und K, Gerbstoffe, Fruchtsäuren, Pektin, Mineralstoffe (Frucht).
MEDIZINISCHE VERWENDUNG: Stärkungsmittel für Magen und Harnblase (Frucht). Diuretisch und schwach abführend (Blüte).
EIGENSCHAFTEN: Abführend, krampflösend, schmerzstillend, harntreibend, schweißtreibend (Blüten). Adstringierend, appetitanregend, stärkend (Frucht).

Prunus spinosa

ZAUBERKRAFT DES SCHLEHDORNS

Nach einem alten Volksglauben flogen in der Walpurgisnacht
(Nacht zum 1. Mai) die Hexen zum Blocksberg, um allerlei Un-
heil anzurichten. In dieser Nacht schützte man sich mit Räucherungen von Schlehdorn- und Wacholderzweigen.

SAMMELZEIT

Die duftenden Schlehenblüten werden im *April und Mai* an
einem sonnigen Tag gepflückt. Wir trocknen sie auf einem
Musselintuch in der Sonne, wobei sie häufig gewendet werden. Dann füllen wir sie in Gläser und stellen sie an einen
dunklen Ort. Die Früchte sammeln wir im *Spätherbst,* nach
dem ersten Frost.

HEILKRÄFTE

Als Nahrungsmittel wurden die Früchte der Schlehe bereits
von den Pfahlbauern der Frühzeit genutzt. Im Mittelalter war
die Pflanze ein wichtiges Volksheilmittel. Schlehen wurden zur
Stärkung und bei Erbrechen und Durchfall verabreicht. Die
großen Ärzte der Antike lobten ihre mannigfaltigen medizini-
schen Eigenschaften.

! Schlehenblüten und die Kerne der Wildfrucht enthalten
das Blausäureglycosid Amygdalin. Während sich die Blau-
säure beim Trocknen der Blüten abbaut, dürfen die Kerne
der Wildfrucht nicht genossen werden.

Für eine heilsame Frühjahrskur bereitet man aus den Blüten
einen blutreinigenden, magen- und herzstärkenden Tee. Pfarrer Kneipp sagt über die Schlehenblüte: »Die Schlehdornblü-
ten sind das schuldloseste Abführmittel und sollten in keiner
Hausapotheke fehlen.«

Die kleinen, pflaumenähnlichen Wildfrüchte kommen im Spätherbst zur Reife. Wenn ihr herber Geschmack durch starke
Fröste gemildert ist, sind sie genießbar. Aufgrund des hohen
Gerbstoffgehalts wirken sie zusammenziehend und sind daher
besonders hilfreich bei Halsentzündungen.

IN DER HOMÖOPATHIE

Die homöopathische Zubereitung »Prunus Spinosa« verwendet
frische, im Aufblühen begriffene Blüten bei Herzinsuffizienz
leichteren Grades, Ödemneigung und einer bestimmten Art
von Neuralgie.

IN KÜCHE UND HAUS

Man kann viele Köstlichkeiten aus den kleinen Früchten bereiten. Dazu gehören Muse und Säfte, Liköre, Weine, Kom-
potte. Wir verwenden die frisch gepflückten Schlehen für den
Winterpunsch oder den wärmenden, tiefroten Schlehenlikör,
der in der Weihnachtszeit auf dem festlich gedeckten Tisch
nicht fehlen darf.

SCHLEHDORNSAFT: Wir nehmen eine Handvoll zerdrückte
Beeren und geben einen halben Liter Wasser dazu. Dann
kochen wir die Mischung auf die Hälfte ein und passieren
das Mus durch ein Sieb. Anschließend süßen wir den Saft mit
braunem Zucker.

Wegwarte

Hindlauf, Verfluchte Jungfer, Sonnenwirbel, Wegeleuchte, Zigeunerblume, Wegkraut, Zichorie

Als kraftvolles Heil- und Zaubermittel hat die Wegwarte eine mehrtausendjährige Tradition. Bereits 4000 Jahre vor unserer Zeitrechnung wird die Pflanze in ägyptischen Papyri erwähnt. Dort wird ihr die Macht zugeschrieben, böse Geister zu vertreiben.

Der deutsche Name Wegwarte weist auf den Standort der Pflanze hin, denn sie wächst mit Vorliebe an sonnigen Weg- und Feldrändern. Die Wegwarte gehört zur Familie der Korbblütler. Sie wird bis zu 120 Zentimeter hoch und ist in Europa heimisch. Von der Sommersonnenwende an blüht sie mit ihren zarten hellblauen Blüten unentwegt bis zur Herbst-Tagundnachtgleiche, wenn die Kraft der Sonne wieder schwindet. Die Blüten sind stets der Sonne zugewandt. Und wegen dieser Treue zur Sonne nannte der Gelehrte Albertus Magnus (1200–1280) die Pflanze *sponsa solis* = Sonnenbraut.

Die dicken, fleischigen Wurzeln der Wegwarte dienen zur Herstellung des schon seit dem Jahre 1600 bekannten Zichorienkaffees – auch Muckefuck genannt. Als gesunden Kaffeeersatz bekommt man ihn heute im Reformhaus. In der Heilkunde werden Wurzeln und Blätter gebraucht.

WIRKSTOFFE: Enthält den Bitterstoff Intybin, Inulin, Stärke, Mineralsalze, Vitamine, Gerbstoffe.
MEDIZINISCHE VERWENDUNG: Bei Magen- und Leberbeschwerden, bei Hysterie.
EIGENSCHAFTEN: Appetitanregend, stärkend, verdauungsfördernd, galle- und harntreibend, stärkt Immunsystem.

Cichorium intybus

Symbol für Liebe und Treue

Die Legende berichtet, dass die Wegwarte einst eine verzauberte Jungfrau war, die am Wegesrand vergeblich auf ihren Liebsten wartete, der niemals wiederkam. Und die schließlich durch die Gnade der Götter in ein Feldblümlein verwandelt wurde. So gilt die Wegwarte als ein Symbol für Liebe und Treue.

Sammelzeit

In den Monaten *Juli und August* sammeln wir die ganze blühende Pflanze. Wir bündeln sie und hängen sie an einen schattigen Ort. Die Wurzeln werden im *Oktober* ausgegraben, gereinigt, halbiert und im Schatten getrocknet.

Heilkräfte

Die Wegwarte ist eine Bitterstoffdroge. Ihre Bitterstoffe fördern die Gesundheit von Leber, Galle und Milz. Sie ist eine der wenigen Pflanzen, die einen positiven Einfluss auf die Milz haben. Die Ärzte des Mittelalters sahen in der Milz den Sitz der schwarzen Galle, die sie »melancholé« nannten. Auch heute noch wird die Wegwarte als Mittel gegen Melancholie und Hysterie eingesetzt.

! Bei Korbblütler-Allergie sollte die Pflanze während der Schwangerschaft nicht genommen werden.

Die Wegwarte wirkt appetitanregend und kräftigend. Pfarrer Kneipp hat die Wegwarte als ein den Stoffwechsel anregendes Mittel gelobt. Und der Schweizer Kräuterpfarrer Künzle (1857–1945) schreibt: »Sie ist heilkräftig in allen Teilen. Sie reinigt Magen, Leber und Nieren, treibt den Urin, ist sehr gut bei Fiebern, vertreibt überflüssige Galle, heilt die Gelbsucht.« Neuere Untersuchungen haben ergeben, dass die Wegwarte Leberzellen regenerieren kann. Auch in der Bach-Blütentherapie wird sie mit Erfolg angewendet.

Äußerlich wird die Wegwarte bei Hautkrankheiten und Ekzemen gebraucht. Die zerquetschten Blätter kann man als Umschlag bei Entzündungen verwenden.

Der Mediziner Dr. Edward Bach (1886–1936) befasst sich in der nach ihm benannten Bach-Blütentherapie mit den geistig-seelischen Aspekten der Blüten. Es heißt bei ihm, die Wegwarte lasse die »allumfassende Liebe« in uns entstehen.

IN DER HOMÖOPATHIE

Bei chronischen Lebererkrankungen verwendet man die aus der Wurzel bereitete Urtinktur.

IN KÜCHE UND HAUS

In der Heilkunde werden die Kräuter meist als Tee aus frischen oder getrockneten Blättern und Wurzeln zubereitet oder äußerlich als Umschlag aufgelegt.

TEEZUBEREITUNG: Ein Teelöffel Wurzel oder Kraut – auch als Mischung – wird mit kaltem Wasser übergossen, zum Sieden gebracht und etwa zwei bis drei Minuten gekocht und dann abgeseiht. Eine halbe Stunde vor dem Essen trinkt man eine Tasse Tee.

Weißdorn

Hagedorn, Hagapfel, Zaundorn, Mehlfässchen, Müllerbrot, Mehlhose

Im Herbst schmückt er sich mit roten Beeren, die wegen ihres mehligen Inhalts »Mehlfässchen« genannt werden. Der Weißdorn gehört zur Familie der Rosengewächse. Er wächst in ganz Europa. Als Busch oder Baum kann er je nach Standort bis zu 6 Meter hoch werden. Wir finden ihn in Wildhecken und in lichtem Gebüsch, an Waldrändern und in hellen Wäldern. Die Äste und Zweige haben bis zu 2 Zentimeter lange Dornen und sind ein idealer Nistplatz und Schutz für kleine Vögel. Weißdornholz ist hart mit einer glatten grauen Rinde. Es wird gerne zu Wanderstöcken verarbeitet.

Der Weißdorn oder Hagedorn (ahd. *hag* = Umfriedung) wurde von den Kelten und Germanen als Schutz um Höfe und Weiden gepflanzt, um wilde Tiere abzuwehren. Im Schatten der dornigen Sträucher wuchsen wertvolle Kräuter, die die weisen Frauen der Stämme als Heil- und Nahrungsmittel pflückten. Auch war er einer der heiligen Bäume der Kelten. Als Schutz vor Zauber und bösen Mächten trugen Kelten und Germanen Amulette aus Weißdornholz am Körper. In der Heilkunde werden Blüten, Blätter und Beeren verwendet.

WIRKSTOFFE: Flavonoide, organische Säuren, Amine, Pektin, Gerbstoffe, Anthocyane, Vitamin C, Carotinoide.
MEDIZINISCHE VERWENDUNG: Für Herz und Kreislauf.
EIGENSCHAFTEN: Herzstärkend, gefäßerweiternd, krampfstillend, schmerzstillend, beruhigend, zusammenziehend. Blätter und Blüten haben dieselben Wirkkräfte wie die Beeren. Dazu haben sie auch eine nervenberuhigende Wirkung.

Crataegus laevigata

SAMMELZEIT

Im *April und Mai* sammelt man Blüten und Blätter, die Beeren im *Oktober und November* nach den ersten Frösten. Dabei pflückt man die Blätter einzeln mit der Hand. Die weißen oder rosa Blüten werden vom Ast direkt in einen Behälter geschnitten.

ELFEN UND FEEN

Nach einem alten Volksglauben sollen unterm Weißdorn-strauch verborgene Schätze liegen, Feen und verzauberte Jungfrauen hausen. In England wurden die Früchte früher Feen- oder Elfenbirnen genannt, man glaubte, dass der Weiß-dorn eine besondere Beziehung zum kleinen Volk hat.

HEILKRÄFTE

In der Naturheilkunde ist der Weißdorn ein unentbehrliches Herzmittel. Er findet Anwendung bei den verschiedensten Herz- und Kreislaufbeschwerden unserer Zeit.

Der Weißdorn verbessert die Durchblutung der Herzkranz-gefäße, stabilisiert den Herzrhythmus, steigert die Kraft des Herzmuskels. Im Vordergrund steht das Altersherz, das durch

> **!** Herzprobleme sollten zunächst grundsätzlich vom
> Facharzt sicher diagnostiziert werden.

Weißdorn belebt, gestützt und gepflegt wird. Ähnlich den Herz- und Kreislaufbeschwerden älterer Menschen sind die Beschwerden von Menschen, die ständig überfordert sind. Die vielen beginnenden Herzleiden, die noch nicht als Krankheit anzusprechen sind, können mit Weißdorn gelindert und vorbeugend behandelt werden. Der Weißdorn wird bei degenerativen chronischen Herzerkrankungen zur Langzeittherapie eingesetzt, da er in der Anwendung völlig unschädlich ist. Auch ist er eines der besten beruhigenden Kräuter. Fehlende Spannkraft, Schlaflosigkeit und Angstgefühle, Herzklopfen und Nervosität, die heute oft unsere Lebensqualität beeinträchtigen, können mit Weißdorn gelindert und geheilt werden. Um gute Resultate zu erzielen, muss die Behandlung über einen längeren Zeitraum erfolgen. Dabei entfaltet der Weißdorn seine Wirkkräfte besonders gut als Tee.

IN DER HOMÖOPATHIE

Das Homöopathikum »Crataegus« wird als Urtinktur aus den reifen Früchten bereitet und für Herzbeschwerden und zur Stärkung des erschöpften Altersherzens genutzt.

IN KÜCHE UND HAUS

HERZTROPFEN: Wir füllen ein Glas zur Hälfte mit Blüten und Blättern und übergießen die Mischung mit 40-prozentigem Weingeist. Dann stellen wir das Ganze an einen warmen Ort. Nach etwa drei Wochen seihen wir die Flüssigkeit ab und füllen sie in eine Tropfflasche. Bei Beschwerden können unbedenklich täglich mehrmals 10 bis 15 Herztropfen eingenommen werden.

TEE BEI HEISERKEIT: 50 g zerdrückte Weißdornbeeren werden in 1 Liter Wasser 10 Minuten gekocht. Abseihen. Mit Honig gesüßt dreimal täglich eine Tasse trinken.

Glossar

ALKALOIDE: Stickstoffhaltige, in Wasser schwer lösliche, meist giftige organische Stoffe.

ÄTHERISCHE ÖLE: Diese Substanzen verleihen aromatischen Pflanzen ihren charakteristischen Duft.

BIOFLAVONOIDE: Bioflavonoide sind auch als Vitamin P bekannt. Wir finden sie in Zitrusfrüchten und in manchen Beeren (z. B. in Mehlfässchen, den Früchten des Weißdorns).

BITTERSTOFFE: Intensiv bitter schmeckende Substanzen, die in zahlreichen Pflanzen enthalten sind. Ihr bitterer Geschmack regt die Magensaftsekretion an.

CHLOROPHYLL: Griechisch *chloros*, gelblich-grün, und *phyllon*, Blatt = Blattgrün. Ein äußerst bedeutsames Pigment, das den Pflanzenteilen ihre grüne Farbe verleiht. Ist wichtig für die Photosynthese. Lebenswichtig auch für den Menschen.

DIAPHORETIKA: Schweißtreibende Mittel.

DIURETIKA: Harntreibende Mittel.

DROGE: Die heilkräftig wirkenden Bestandteile der Pflanze (etwa Blätter oder Blüten), die durch Trocknung haltbar und verwertbar gemacht wurden.

ENZYME: Stoffwechselvorgänge sind allein durch das Wirken von Enzymen möglich.

FLAVONOIDE UND FLAVONE: Diese gelben oder roten bis blauen Farbstoffe sind die häufigsten Inhaltsstoffe. Sie beeinflussen den Kreislauf auf ähnliche Weise wie die Bioflavonoide. Sie wirken krampflösend, harntreibend und sind Herzstimulanzien.

GERBSTOFFE: Gerbstoffe haben eine zusammenziehende Wirkung. Sie verringern den Wassergehalt von Geweben, binden und vermindern Sekretionen und Blutungen. Sie sind Bestandteil zahlreicher Heilpflanzen und Zubereitungen, die zur Behandlung von Wunden und als blutstillendes Mittel verwendet werden.

GLYKOSIDE: Sie sind im Pflanzenreich verbreitete Stoffe. Z. B. die schweißtreibende Wirkung der Lindenblüten ist auf Glykoside zurückzuführen.

ORGANISCHE SÄURE: Die organischen Säuren machen einen Teil des Nährwertes und des erfrischenden Charakters von Fruchtsäften aus.

SAPONINE: Saponine fördern den Ausstoß von Schleim aus der Lunge. Auch unterstützen sie die Verdauung und Absorption von Nährstoffen und reinigen und heilen die Haut.

SCHLEIMSTOFFE: Schleim überzieht und schützt Gewebe. Anwendung bei jeder Art von Entzündung, um den betroffenen Bereich zu umhüllen. Schleimstoffe sind namentlich für die Atemwege, für die Lunge und den Verdauungsapparat heilsam.

SEDATIVA: Beruhigungsmittel.

TONIKUM: Den allgemeinen Gesundheitszustand förderndes Mittel, Stärkungsmittel.

VITAMINE, MINERALIEN, SPURENELEMENTE: Ohne diese Stoffe ist das Leben nicht möglich. Ihr ausreichendes und ausgewogenes Angebot in der Nahrung ist lebenswichtig.

Hinweise
zum Umgang mit Wildpflanzen

Generell gilt: Bei Unsicherheit, um welche Pflanze es sich handelt, sollte man immer auf Nummer sicher gehen und auf den Verzehr oder die innere Anwendung als Heilmittel verzichten. Auch empfiehlt sich bei ernsthaften Erkrankungen vor der Selbstmedikation mit Heilpflanzen immer der Besuch bei einem Arzt.

DAS SAMMELN VON KRÄUTERN

Nicht bei feuchtem Wetter Kräuter sammeln! Man sollte sich einen trockenen Tag aussuchen, eine Stunde, in der die Sonne scheint und der Morgentau bereits verschwunden ist. Darauf achten, dass die Pflanzen gesund sind! Sie sollten weder durch Insekten noch durch chemische Mittel oder Abgase verseucht sein. Fremde und nicht erwünschte Kräuter, die man eventuell mit geerntet hat, gleich aussortieren. Die verschiedenen Pflanzenarten nicht in ein und demselben Säckchen oder Korb sammeln.

Auch wenn man in der Stadt wohnt, kann man Kräuter sammeln. Man findet am besten Kräuter auf Brachland, unbebauten Grundstücken, an Gartengrundstücken, in Parks und Grünanlagen, auf Feldern und Wiesen am Stadtrand. Auch an Seen und in moorigem Gelände findet man eine Vielzahl an Kräutern. Nachdem es heute kaum noch unbelasteten Boden gibt, sollte man möglichst stark befahrene Straßen und Industriegebiete meiden. In Städten sind Luft und Boden durch Blei und andere Schadstoffe aus Autoabgasen belastet.

DAS TROCKNEN VON KRÄUTERN

Die Pflanzenteile so schnell wie möglich trocknen lassen, um hierdurch den Gärungsprozess zu verhindern. Kräuter werden in kleine Sträuße gebunden und mit den Köpfchen nach unten aufgehängt. Oder man kann sie auch auf einem Holzrost ausbreiten.

Der Trockenraum sollte gut durchlüftet und vor direkter Sonneneinstrahlung geschützt sein. Das kann ein Dachboden, ein Schuppen oder ein offener Wandschrank in einem gut belüfteten Zimmer sein. Kräuter dürfen nicht in der Küche getrocknet werden, weil sie die Eigenschaft haben, Feuchtigkeit und Fette anzuziehen.

Das Trocknen von Kräutern dauert etwa sechs bis acht Wochen. Um den Grad der Trockenheit festzustellen, bricht man einen Stängel entzwei. Wenn die Bruchstelle sauber ist, also keine Fasern zwischen den beiden Stücken verbleiben, ist das Kraut trocken.

DAS AUFBEWAHREN VON KRÄUTERN

Die getrockneten Kräuter müssen vor Sonneneinstrahlung und vor Feuchtigkeit geschützt werden. Kräuter sollten in Papiertüten oder in Gläsern aufbewahrt werden. Leere Weißblechdosen sind die beste Lösung. Plastikbehälter sind fehl am Platz, da die Pflanzen auf die in Plastik enthaltenen Chemikalien reagieren. Oberirdische Pflanzenteile kann man in getrocknetem Zustand ein bis zwei Jahre, die Wurzeln etwas länger aufbewahren.

ÜBLICHE ZUBEREITUNGEN

Üblicherweise bereitet man aus den Heilpflanzen einen Tee, indem man eine bestimmte Menge getrockneten Pflanzenmaterials mit einem Viertelliter heißem oder kaltem Wasser übergießt. Die Mengenangabe ist hier im Buch jeweils bei der Pflanze angegeben.

Es ist wichtig, wie man bei der Teezubereitung vorgeht. Eine Pflanze, die in großem Umfang ätherisches Öl enthält, wird praktisch wertlos, wenn man sie lange kocht. Das ätherische Öl verflüchtigt sich schnell. Man macht in diesem Fall ein Infus.

INFUS (TEE, AUFGUSS): Das Wasser zum Kochen bringen, die gewählten Blätter, Blüten, Wurzeln dazugeben, den Topf vom Herd nehmen, zudecken und 5 bis 10 Minuten ziehen lassen. Man kann auch eine Dosis Pflanzen in eine Tasse geben, diese mit kochendem Wasser aufgießen und dann ziehen lassen.

DEKOKT (ABSUD): Im Unterschied zum Infus wird hierbei die Pflanze selbst zum Kochen gebracht. Man füllt Wasser in einen Topf, gibt die nötige Menge Pflanzen dazu, deckt den Topf zu und bringt das Ganze zum Kochen, danach 10 bis 15 Minuten auf kleiner Flamme weiterkochen lassen.

MAZERAT (PFLANZENAUSZUG): Kaltauszug einer Droge. Man setzt die Droge über Nacht mit kaltem Wasser an.

TINKTUREN: Unter einer Tinktur versteht man einen flüssigen, mit Weingeist hergestellten Auszug einer Droge. Eine solche Zubereitung hat eine weit höhere Wirkstoffkonzentration als ein Dekokt oder ein Tee und wird in kleineren Mengen eingenommen.

UMSCHLAG: Ein Umschlag wird meist kalt angewendet. Dabei hält man die Kräuter mithilfe eines Verbandes in direktem Kontakt mit der Verletzung.

Verwendete und weiterführende Literatur

Elisabeth BROOKE,
Von Salbei, Klee und Löwenzahn.
Freiburg 1997.

DIOSKURIDES,
Kräuterbuch. Frankfurt 1610.

Gail DUFF,
The Countryside Cookbook.
Chalmington 1982.

Leonhart FUCHS,
New Kreüterbuch. Basel 1543.

Mrs. M. GRIEVE, A Modern Herbal.
Harmondsworth 1976.

Erich HEISS, Wildgemüse und
Wildfrüchte. München 1980.

John LUST,
The Herb Book. London 1974.

Apotheker M. PAHLOW,
Das große Buch der Heilpflanzen.
München 1999

P. SCHAUENBERG, F. PARIS,
Heilpflanzen. München 1970.

TABERNAEMONTANUS,
Neu vollkommen Kräuter-Buch.
Offenbach 1720.

Brigitte WALDE-FRANKENBERGER,
Wildkräuter und Wildfrüchte
im Rems-Murr-Kreis.
Kreissparkasse Waiblingen 2001.

Register

Impressum

1. Auflage 2019

© 2019 by Silberburg-Verlag GmbH, Schweickhardtstraße 5a, D-72072 Tübingen.
Alle Rechte vorbehalten.

Umschlaggestaltung: Christoph Wöhler, Tübingen, unter Verwendung von Zeichnungen Paul Waldes.
Layout und Satz: Silke Schüler, München.
Lektorat: Gertrud Menczel, Böblingen.

Printed in Italy by Printer Trento S. r. l.

ISBN 978-3-8425-2159-9

Bildnachweis: Alle Zeichnungen von Paul Walde.
Fotografien: i-stock: wragg (Schild): Cover, S. 1; Shutterstock: F16-ISO100: Strukturhintergrund, passim; Colleen Anne Bessel: S. 4; mcajan: S. 92; saiko3p: S. 80; Vladimir Mulder: S. 96; Westend61: S. 44; Maren Winter: S. 56; Paul Walde: S. 16, 20, 28, 36, 40, 72, 76, 84, 100, 104; Wikimedia Commons: 4028mdk09: S. 52; AnRo0002: S. 32, 48, 60, 64, 68, 88; Kenraiz: S. 24; Konrad Lackerbeck: S. 12; Zonki: S. 8.

Ihre Meinung ist wichtig für unsere Verlagsarbeit. Senden Sie uns Ihre Kritik und Anregungen an **meinung@silberburg.de**

Besuchen Sie uns im Internet und entdecken Sie die Vielfalt unseres Verlagsprogramms: **www.silberburg.de**